图说中国古代的科学发明发现丛书

本丛书获得中国科学技术协会科普创作与传播试点活动项目经费资助

本丛书列入中国科学技术协会推荐系列科普图书

本丛书中《指南针的历史》被湖北省科学技术厅评为"2014年湖北省优秀科普作品"

本丛书中《印刷术的历史》被科学技术部评为"2015年全国优秀科普作品"

火药的历史

History of Gunpowder

主　编 —— 东方暨白

副主编 —— 虢碧莹　张棋焱　郑丽媛
　　　　　朱梦珍　付　婧

河南大学出版社

HENAN UNIVERSITY PRESS

·郑州·

图书在版编目（CIP）数据

火药的历史 / 东方暨白主编. — 郑州：河南大学出版社，2014. 6（2018.6重印）

（图说中国古代的科学发明发现丛书）

ISBN 978-7-5649-1570-4

Ⅰ. ①火… Ⅱ. ①东… Ⅲ. ①火药 — 技术史 — 中国— 古代— 图解

Ⅳ. ①TJ41-092

中国版本图书馆CIP数据核字（2014）第123736号

责任编辑　阮林要

责任校对　申小娜

整体设计　张雪娇

出版发行　河南大学出版社

地　　址　郑州市郑东新区商务外环中华大厦2401号

邮　　编　450046

电　　话　0371-86059750　0371-86059701（营销部）

网　　址　www.hupress.com

排　　版　书尚坊设计工作室

印　　刷　郑州新海岸电脑彩色制印有限公司

版　　次　2016年5月第1版

印　　次　2018年6月第3次印刷

开　　本　787mm×1092mm 1/16

印　　张　13.25

字　　数　191千字

定　　价　65.00元

（本书如有印装质量问题，请与河南大学出版社营销部联系调换）

序

杨叔子院士

科学技术是第一生产力，而人是生产力中具有决定性的因素，人才大计又以教育为本。所以，当今世界国力竞争的焦点是科技，科技竞争的关键是人才，人才竞争的基础是教育。显然，科普教育，特别是对青少年的科普教育，具有特殊的战略作用。

《图说中国古代的科学发明发现丛书》是一套颇具特色的科普读物，它不仅集知识性、文学性、趣味性、创新性于一体，而且没有落入市面上一些类似读物用语的艰涩难懂之中，而是以叙述故事为主线、以生动图解为辅线来普及中国古代的科学知识，既能使广大青少年读者在一种轻松、愉悦的阅读氛围中汲取知识的养分，又能使他们获得精神上的充实和快乐，更能让他们自然而然地受到中华文化的熏陶。

中国文明五千年，她所积淀的文化与知识这一巨大的财富已为世人所公认。其中，尤为显著的"中国古代四大发明"更为中华文明史增添了亮色。一般的说法是英国汉学家李约瑟最早提出了中国古代的四大发明，即造纸术、印刷术、火药和指南针。它们的出现促进了中国古代社会的政治、经济、文化的发展，同时，这些发明经由多种途径传播到世界各地，对世界文明的发展也提供了相当多的"正能量"，乃至发挥了关键的作用。

民族文化是国人的精神家园。北宋时期的学者张载曾把中华文化精神概括为"为天地立心，为生民立命，为往圣继绝学，为万世开太平"，而这套丛书所要承担的更实际的使命则在于"为往圣继绝学"。四大文明古国中唯一延续至今的只有中国，中国的奇迹在今天的世界舞台上仍然频繁上演，中国元素也逐渐成为了受人瞩目的焦点。然而，如何实现"中国制造向中国创造"的历史转变，如何落实"古为今用，洋为中用"的理念，是我们文化工作者所肩负的一个重担，更是一种神圣的责任。作为教育工作者，我们更应该认识到中国想要实现真正意义上的复兴，就必然要实现文化上的复兴、教育上的复兴和科学上的复兴……

嫦娥奔月、爆竹冲天、火箭升空、"嫦娥"登月携"玉兔"……中华民族延续着一个又一个令人瞩目的飞天梦、中国梦。中华文化这种"齐聚一堂，群星灿烂"的特质使得我们脚下的路越走越宽，也使得我们前行的步伐越走越稳。神十女航天员王亚平北京时间2013年6月20日上午10点在太空给地面的中学生讲课，更是点亮了无数中小学生的智慧之梦、飞天之梦，同时也开启了无数孩子所憧憬的中国梦。

少年造梦需要的不仅是理想与热情，更需要知识的积累与历史文化的沉淀。青少年科普教育是素质教育的重要载体。同时，普及科学知识可以为青少年树立科学的世界观、积极的人生观和正确的价值观，提升青少年的科学素质，丰富青少年的精神生活，并逐步提高青少年学习与运用科技知识的能力。青少年是肩负祖国未来建设的中坚力量和主力军，他们的成人成才关乎中国梦的实现。毫无疑问，提升青少年的科学素质与精神境界，对于培养他们的综合能力、实现其全面发展，对于提高国家自主创新能力、建设创新型国家、促进经济社会全面协调可持续地发展，都具有十分重要的前瞻性意义。何况，普及科学知识、倡导文明健康的生活方式是促进青少年健康成长的根本保证之一。

近一年多来，习近平同志一系列有关民族文化的讲话、一系列有关科技创新的指示更让我们清楚地看到，中华文化是我们民族的精神支柱，是我们赖以生存、发展和创新的源源不断的智慧源泉。所以，我们应通过多种渠道、多种路径、多种方式使传统文化与时俱进地为今所用。《图说中国古代的科学发明发现丛书》把我国古代劳动人民众多的发明和发现全景式、多方位展现在青少年眼前，从根本上摆脱了传统的"填鸭式""说教式"的传授知识的模式，以让青少年"快乐学习、快乐成长"为出发点，从而达到"授之以渔"的教育目的。衷心希望这类创新性的科普读物，能够开发他们的智力，拓展他们的思维，提高他们观察事物、了解社会、分析问题的能力，并能让他们在一种轻松和谐的学习氛围中领悟到中华文化知识的博大精深，为发展其健康个性与成长为祖国栋梁打下坚实的文化基础。

苏轼在著名的《前赤壁赋》中最后写道："相与枕藉乎舟中，不知东方之既白。"我看完本套丛书首本后，知道东方暨白了。谢谢东方暨白及其团队写了这套有特色的科普丛书。当然，"嘤其鸣矣，求其友声"。金无足赤，书无完书，我与作者一样，期待同行与读者对本套丛书中不足、不妥乃至错误之处提出批评与指正。

谨以为序。

中国科学院院士

华中科技大学教授

杨叔子

前　言

华中科技大学科技园"火药"雕塑

火药是中国古代的四大发明之一，是人类文明史上的一项杰出成就，是中国人智慧的结晶。

火药，顾名思义就是着火的药。中国人对于火药的研究始于古代炼丹术。它的最初发明者至今无从考证。其发明也正应了那句"有心栽花花不开，无心插柳柳成荫"。从战国至汉初，帝王贵族们渴望成仙，渴望长生不老，这就驱使着方士与道士炼制"仙丹"，正是在炼丹过程中，炼丹士们偶然"发明"了火药。

虽然火药的起源留给了人类很多的疑惑，但它的积极作用是毋庸置疑的。一方面，它被用于日常生活与生产活动。例如，南宋时成功制成焰火，在节日燃放。另一方面，火药也用在了开山、采矿、筑路等领域。与此同时，以火药作为原料的火箭、火炮、火枪等大量应用于军事上。火药发明后，逐步在世界范围内传播。在这一过程中，火器（又名热兵器）得以产生并取代了旧时武器。火器的产生带来了作战方式的重大变化，推动了世界兵器史的跨时代变革。火器的产生也导致了跨地区、跨国界的军事革命，一批新的民族国家在战争中诞生。实际上，火药还引发了许多国家政治、经济上的巨大变革。当迈入现代化的欧洲人用军舰、大炮打开封建清王朝的大门时，中国现代化变革的钟声随即被敲响。有诗曾赞道，火药源自炼丹炉，未成神仙做师祖。在某种程度上，火药和用火药制作的大炮轰开了人类的文明路。恩格斯也明确地指出："火药和火器的采用决不是一种暴力行为，而是一种工业的，也就是经济的进步。"

火药的发明以及火药武器的大量出现使得世界文明呈现出一片欣欣向荣的景象，然而，究竟炼丹士在无心配药之时都采用了哪些妙招？火药配料的主角们又有着怎样的顽皮性格？《武经总要》里所记载的"三个火药配方"是什么？古代火器通常会被分为几类？哪些火器在硝烟弥漫的战场上立下过赫赫战功？……这些问题的答案都绽放在了我们用文字所点燃的那一束"火药历史"之光里。最后，这些微光经过凝聚，集结成了这本图文并茂的书。

本书是一本知识信息量大、趣味盎然、诙谐中又不失庄重的百科式图书。希望此书能够给读者们一份好心情，让你们在阅读中感受并见证中国火药的奇迹。

目 录

衣带渐宽终不悔
为"丹"消得人憔悴

　　中国火药的发明是人类历史上的一项创举，人类文明由此向前迈出了一大步。追溯火药的源头，我们可以探寻到古人求仙问道、寻求长生不老药上面去。接下来，就让我们一起来看看中国炼丹术的发展与火药的关系，详尽研究一下火药的主要成分，看看它在早期的应用，开启认识火药的大门。

徐福像

成仙之风与灵丹妙药之术

炼丹术是中国古代独立发展起来的一门方术。它的手段和目的是试图以自然界的一些矿物为原料,加工成具有长生不老甚至羽化升仙特效的药剂。

炼丹术一般分为炼丹和炼金,但中国的炼丹士认为只要炼成神丹,既可以服用延寿,又可以点铁成金,可谓一箭双雕。

巫术和巫医的出现是促成炼丹术兴起的一个契机。先民认为,通过巫术,人类可以和鬼神沟通,向他们表达自己的心意。古代的巫、医不分,有时巫人就借助医药治病。但那时的医药只是作为一种辅助手段,即医药服从于巫术。人们越来越希望长生不老，所以巫术的兴起促使人们有了求仙问道的念头。

　　炼丹术在中国有着悠久的历史，它的起源其实和神仙传说有着密不可分的关系。中国古代的书籍《山海经》《楚辞》《列子》《庄子》等都有关于仙山、不死药的传说。而正是这些传说使得人们更加青睐寻找一条长生不老的途径。

　　《战国策》里曾经记载有方士向荆王进献"不死药"，可见古代的人对于"不死药"的沉迷程度非常高。

　　长生不老的最开始就是"成仙求道"，这里需要提到开创中国自主创业历史的三位中医医师的那些不得不说的往事。这三位分别是徐福、东方朔、左慈。

徐福纪念碑

秦皇岛徐福入海处

徐福的寻丹之路与移民之实

来自江苏赣榆的徐福先生博学多才，通晓医学、天文、航海，是学者中的大腕儿。他同情百姓，乐于助人，可以称之为秦朝的"活雷锋"。若在沿海一带民众中评选"感动中国十大人物"，他极有可能拿到入围奖，当选"道德模范"。徐福不仅在学术和道德品质上堪称典范，在人际关系上也是一把好手。通过各种人脉疏通，他成为了鬼谷子先生的关门弟子，学辟谷、气功、修仙，兼通武术。

徐福的事迹最早见于《史记·秦始皇本纪》。据此书记载，秦始皇希望长生不老。秦始皇二十八年（公元前219年），徐福上书说海中有蓬莱、方丈、瀛洲三座仙山，有神仙居住。

于是秦始皇派徐福率领童男童女数千人，以及预备好的三年的粮食、衣履、药品和耕具，入海求仙。徐福虽率众出海数年，却并未找到仙山。秦始皇三十七年（公元前210年），秦始皇东巡至琅琊，偶遇寻仙的徐福。徐福推托说出海后碰到巨大的鲛鱼，无法远航，要求增派射手对付鲛鱼。秦始皇听了他的一番煽情之词后被"感化"，当即应允派遣射手射杀鲛鱼。后来徐福再度率众出海，从此一去不复返。

炼丹士的"护法"

西汉时代的东方朔是一位文学家、阴阳家。建元元年（公元前140年），汉武帝举行"海选"，东方朔曾上书说，他十三岁开始读书，十九岁学习兵法、战阵等学问，也读了22万字。而且他身长足有九尺三寸，兼有孟贲（战国时代著名的壮士）之勇、庆忌（传说能走追猛兽、手接飞鸟的勇者）之敏捷、鲍叔（齐国大夫，有名的清廉之人）之廉洁、尾生（先秦人名，为守信而淹死于桥下）之诚信。最后自夸像他这样的人，就是最适合成为朝廷大臣的人才。由此东方朔成功赢得帝心。

东方朔

约在公元前132年，东方朔曾随汉武帝派遣的海上方士集团到海外各地进行探险旅行。今有观点认为他甚至曾到过北极。东方朔所著的《海内十洲记》中记载，"臣……曾随师主履行：北至朱陵，扶桑，蜃海，冥夜之丘，纯阳之陵……"这很有可能是亚洲古代文献中对于北极地区极昼极夜现象的描写。东方朔的《神异经·北荒经》记载，"北方层冰万里，厚百丈，有溪鼠在冰下土中焉"。其中所描述的"鼠"与现在唯一生活在北极地区的麝牛非常相像。东方朔还是具有临床诊疗经验的医生，和汉武帝的方士集团交

左慈

往甚密。方士们经常和东方朔一起饮酒作乐，研究进献给汉武帝的长生不老之药。东方朔可以称为炼丹一门的"左右护法"之一吧。

实力派炼丹将——左慈

左慈，字元放，东汉庐江人。在道教历史上，东汉时期的丹鼎派道术是从他一脉相传的。据有关史料记载，他生于156年，死于289年，经过六七十年的修炼，死后羽化升仙了。左慈精通五经，晓房中术，也懂得占星术。

他从星象中预测出汉朝的气数将尽，国运衰落，天下将要大乱，就感叹地说："在这乱世中，官位高的更难保自身，钱财多的更容易死。所以世间的荣华富贵绝不能贪图啊！"于是左慈开始学道，精通"奇门遁甲"，能够驱使鬼神。

这三大方士和火药究竟有什么关系？其实，这三大方士的丹药秘方都和火药有极深的渊源。从古至今，代代帝王都希望自己能独享大业、千秋永存，所以成仙之风与灵丹妙药之术在每个朝代都是"花开不败"的。关于这三大方士，历史上曾有过各种各样的谣言或争议，但是他们都是通过向皇帝进献各种丹药而平步青云的，由此足见历朝皇帝的长寿之心有多么坚定，炼丹士们的事业之路有多么顺畅。

徐福成功忽悠了秦始皇，借寻仙求药之说成全了自己的荣华富贵。东方朔和炼丹士们是"好伙伴"，加之自身又是医学家，虽然对炼丹能延年益寿之说颇有微词，但也是巴不得为汉武帝他老人家多献点丹药以保帝祚永延的。至于那左慈，更是标标准准的炼丹士，各种奇术皆通，也是位给曹操的房中术和延年益寿提供了各种丹药的人物。然而，他们的丹药究竟是由什么制作而成？真的有这么神奇的功效吗？

随着巫术和炼丹术的兴起和发展，火药也应运而生。

左慈戏曹操

炼丹士们的"无心插柳"

丹药真的可以使人长生不老吗？若果真如此，为何王侯将相们还是没有让我们看到他们存在了千年的面孔？若非如此，为何代代帝王都要拜大师求丹药？原来这也只是出于人求生的本能罢了。至于那丹药，且当它是心理上的一剂良药吧。

炼丹法的由来

公元前4世纪或更早，先民提出了阴阳五行学说，认为万物是由金、木、水、火、土五种基本物质组合而成的，而五行则是由阴阳两气相互作用而成，此说法是朴素的唯物主义自然观。该自然观用"阴阳"这个概念来解释自然界两种对立的物质势力，认为两者的相互作用是一切自然现象变化的根源。此说为炼丹术的理论基础之一。

炼丹术的指导思想是深信物质能转化，炼丹士们试图在炼丹炉中人工合成金银或炼成长生不老之药。他们有目的地将各类物质搭配烧炼，进行实验，涉及了研究物质变化用的各类器皿，如升华器、蒸馏器、研钵等；也创造了各种实验方法，如研磨、混合、溶解、灼烧、熔融、密封等。

长生不老丹

炼丹士们的丹药如何炼制而成？他们的商业机密是什么？他们在那个时代真的是无人匹敌的"活神仙"吗？

《周易参同契》

其实，炼丹士们主要是用硝石和硫黄来炼制丹药的。炼制"长生药"原本是人人都能完成的工作，所谓修道的神仙招牌都不过是忽悠人的虚假广告而已。只是那个时候，丹药属于奢侈品，消费的人群有限，效果也一时难以分辨，所以炼丹士们的极尽吹捧之事竟也无人发觉。能和古代贵族们对于丹药的追求相媲美的，恐怕也只有当今社会上名媛对奢侈品的追求了吧。也对，东西不贵、服务不到位如何体现贵族们的气场呢！

至于炼丹士们的聚金法宝，且听我细细道来。在古代，炼丹活动主要包括三个方面：一是用各种无机物，包括金属和矿物，经过某些化学处理，炼制"长生药"。真不知道古代贵族们想不想尝尝现如今在全中国走红的苏丹红鸭蛋和掺了三聚氰胺的牛奶，这两者其实没多大区别。二是寻求植物性的"长生药"，进行药用植物研究。植物的嘛，总归安全系数高些，但不知道古代贵族们有没有听说过植物做成的护肤品也能致癌，若是知道这一点，估计对植物的印象分要大打折扣了吧。三是进行冶炼金属的研究。炼丹士们的事业经久不衰，主要是得到了统治者们的"悉心照料"。东汉后期，魏伯阳在《周易参同契》中把炼丹术的理论基础与指导思想建立在当时盛行的阴阳学理论上，认为只有阴性药物与阳性药物两相交融与彼此相制，才能炼制出神奇的仙丹妙药。由此可见，炼丹士们不止是古代杰出的实践家，还是优秀的理论家，看来他们已经明白了马克思主义的基本原理，知道理论要与实践相结合了。到了唐代，炼丹士们"站在巨人的肩膀上"，对各种药物的阴阳属性已经谙熟于心。他们把色泽晦暗、品性好伏不动、不易燃烧、生于阴山水旁和寒冷之地的药物划为阴性，如硝石、马牙硝、水银、铅等。他们把颜色赤黄或青绿、见火易飞、容易燃烧、易于升华的药物划入阳性，如硫黄、雄黄、丹砂、黄金等。若把两者放在一起合炼，就会取阴阳之髓、法天地造化之功、水火相济（即在丹炉下施火加热，上部外方以水冷凝，产生剧烈的化学反应），就会炼成神妙的仙丹。

葛洪教你怎样炼丹

葛洪

东晋的方士葛洪在《抱朴子·仙药》中记载了用硝石、玄胴肠、松脂三物合炼雄黄的方法：又雄黄当得武都山所出者……或以蒸煮之，或以酒饵，或先以硝石化为水乃凝之，或以玄胴肠裹蒸之于赤土下，或以松脂和之，或以三物炼之，引之如布，白如冰。服之皆令长生，百病除。硝石和松脂都比较常见，那么这里的玄胴肠究竟是什么呢？其实，它比硝石和松脂更常见，就是猪的大肠，在这里是指猪脂。这三者合炼，硝石是氧化剂（在氧化还原反应中，获得电子的物质称作氧化剂），猪大肠和松脂是含碳物质，属于还原剂（在氧化还原反应中，失去电子或有电子偏离的物质称作还原剂），雄黄也是还原剂。如果使用的硝石足够多，则用火点燃其生成物就会发生爆炸。原来，贵族们追求的奢侈品"仙丹"不过就是火药，而他们却成了一帮子"吃火药"的人。

　　可惜的是，葛洪不如诺贝尔那么幸运，没有因为爆炸而发明炸药，反而使得此后的炼丹士们一齐合攻，希望能"伏火"，将炼丹过程中爆炸的可能性降到最低。古代方士们费尽九牛二虎之力，终于把改变世界文明进程的科学家称号拱手让给了瑞典化学家诺贝尔。

神奇的"伏火法"

　　唐代炼丹士在师承前辈炼丹术的基础上，发展了"伏火法"。"伏火"的意图大约有三种：一是"杀毒"，用火红烘烩的方法，消减某些药物的毒性；二是"制服"某些药物受热后易于挥发的品性；三是"驯服"某些合炼药物的爆燃性。唐代方士在用草木药伏火硫黄、雄黄、雌黄、砒黄前，往往先把它们炭化来增强伏火的作用和效能。最原始的火药正是在炼丹士运用的伏火法中诞生了。

用"伏火法"提炼而成的丹药虽然还不能说就是火药，但它已经把以硝、硫、炭为主要成分的火药引进了发明阶段。用硝、硫、炭三种物质组配成的原始火药及其配方早在808年就公布于世了。随着炼丹活动与伏火试验的不断进行，硝、硫、炭三者合烧后易燃、易爆的性质逐渐被有识之士所利用。同炼丹士为炼制丹药而进行的"避害实验"相反，军事技术家则从实战的需要出发，大胆地利用硝、硫、炭三者合烧后的爆炸作用，制成具有杀伤与焚烧作用的火器，并将其用于作战之中。到北宋初期，炼丹士发明的火药经军事技术家的改进之后，成就了最初的一批火器。

炼丹炉

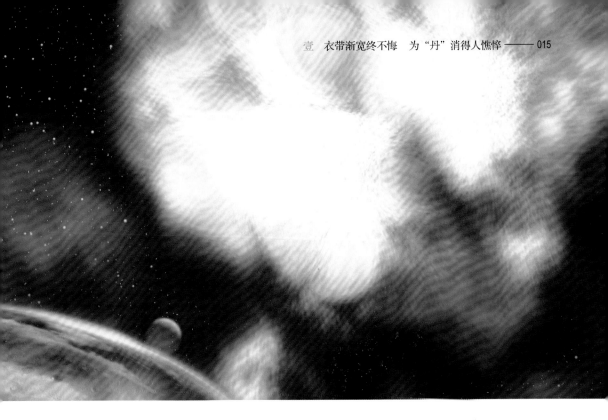

火药配料中的三大功臣

火药的主要成分——总述篇

　　首先，让我们来了解一下火药作何解，为何与药扯上了关系。据《中国大百科全书》记载，中国古代火药是指以硝石、硫黄、木炭为主要组分并在点火后能速燃或爆炸的混合物。称其为火药，是指它是易着火的药；称其为药，是因在中国古代，硝石、硫黄以及火药本身都是列入药典的药物。现代黑火药就是由中国古代火药发展而来。从定义中，我们便能得知火药的主要成分是硝石、硫黄、炭；而在中国古代，硝石、硫黄以及火药本身都是药物。

　　对于硝石、硫黄、炭在火药中分别起到的作用，

　　火药作为中国古代的四大发明之一，它的发明可以称得上是人类史上的一项壮举，影响着人们生活的方方面面。对于它，我们时常抱着一种既向往而又微微畏惧的心情。向往是因为它的伟大，畏惧是因为它的威力。那么它到底是一个怎样的物什？让我们从它的配方说起，慢慢走近它。

硝石

《武备志》，茅元仪辑，中国明代大型军事类书，由兵诀评、战略考、阵练制、军资乘、占度载五部分组成。它设类详备，收辑甚全，对改变明末重文轻武、武将多不知兵法韬略、武备废弛的状况有现实意义。

《武备志》中是这样解释的：硝则为君而硫为臣，本相须以有为。硝性竖，而硫性横，亦并行而不悖。烈火之剂，一君二臣，灰（炭）、硫同在臣位。灰则武（臣），而硫则文（臣）……世直道而翻右武，时横行而乃尚斯文……灰（炭）、硝少，文虽速而发火不猛。硝、硫缺，武纵燃而力慢。在《武备志》看来，硝石、硫黄、炭在火药中分别处于君、文臣、武臣的地位。硝主横发，硫主直发，炭主火。故硝量宜多，硫、炭较之宜少。但不管是硝、炭少，还是硝、炭缺，火药都不能达到预期的效果。古代的理论虽然朴素，但是总结自实践，有一定的指导意义。所以根据火药成分在火药中的地位，掌握好火药成分的配比十分关键。下面让我们详细了解一下火药的三大主要成分——硝石、硫黄、炭。

火药的主要成分——硝石篇

硝石，学名硝酸钾，化学分子式KNO_3。

在中国古代，硝石简称硝，也作"消"。硝石在中国有着丰富的蕴藏，大约在2000多年前，中国先民在没有金属探测仪的情况下就对它的产地、分布有了了解。据《范子计然》记载，春秋时期有一个名叫计然的人曾说"消石出陇道"。在中国，天然硝石大多产于适合其生成条件的"陇道"与难于上青天"蜀道"所经的甘肃、四川等地，此外还有青海、山西、河北、内蒙古等地。在古代，硝石不仅被当作一味中药药材，还是炼丹士的重要炼丹材料。

火药的主要成分——硫黄篇

硫黄，也作"留黄"。中国产硫地有山西、陕西、河南、四川、湖南等省。

天然的石硫黄在自然界中以游离硫、硫化物矿、闪锌矿等形式存在，基本上来自大山区的天然硫黄或膏盐层中的石膏，由硫细菌作用还原生成单质硫。在秦汉时期，这种单纯的、不含杂质的、专一元素构成的单质硫被发现了，人们称它为"石硫黄"，又称"矾石液"。

它在古代同样被用作药材和炼丹试剂，还经常和硝石一起使用。于是中国古代的炼丹士和本草学家在同时加热硝石和硫黄的时候，经常发生燃烧和爆炸，这便是火药产生的前兆。

火药的主要成分——炭篇

炭，即木炭。商周时代，人们就明了木炭不仅是

木炭

上好的燃料，在冶炼中也能发挥还原剂的作用。各地
都有上好木炭，由木材经炭化或干馏而得，主要成分
是碳。虽说木炭遍地皆是，但配制火药还是以上好柳
枝条生成的木炭为佳，其他木条生成的木炭稍次。炼
丹士们最初使用的是马兜铃、皂角子等其他含碳物。

　　硝石和硫黄的产地与功用的不断发现为日后火药
的产生打下了基础。中国汉唐先民对硝石和硫黄特性
的研究首先是医学家和本草学家从药物学的角度开始
的。例如，长沙马王堆汉墓不止是出土了古代美女辛
追的千年不腐的遗体，也出土了帛书医方。在此医方
中，已有医学家将硝石作为医治疡痈的药剂。自西汉
起，炼丹士对硝石与硫黄的特性研究又进了一步，有
些已涉及硝石和硫黄的化学特性。《周易参同契》中
记载了用硫同水银化合的实验，炼丹士魏伯阳在书中
提到了实验结果，从而使人们的研究涉及了硫黄的化
学特性。

火药是"万精油"

火药的早期应用——医药篇

　　"火药"一词见于1044年成书的《武经总要》，并一直沿用到现在。火药之所以被称为"药"，与其主要成分——硝、硫等是药材密不可分。炼丹士的炼丹实践为火药的发明奠定了基础，而炼丹士利用硝、硫等炼丹，最初是为了炼出长生不老药，故而火药的药用价值能够得以显现。《本草纲目》中也有关于火药治病的记载，对治癣、杀虫、避湿驱邪都有作用。

　　火药的医药作用不大为人所知，因为在我们心目中，火药普遍的形象是一种杀伤性武器。下面就让我们一起来看看火药早期在军事方面的应用。

火药的早期应用——军事篇

　　人们对火药化学性质上的认识则比对火药医药性能的认识缓慢一些，相应地，火药被应用到军事上也晚得多。这是因为随着火药原料的不断提纯和火药成分的配比逐渐科学，火药才具有真正意义上的杀伤性，因此才被运用到军事战争中。

　　在火药发明之前，火攻所用的材料无非是艾草、油脂之类的东西。这些东西燃烧既不快，产生的破坏力也不大。而火药由硝石、硫黄、木炭等原料制成，

　　随着人们对火药性能认识的加深，火药应用的范围越来越广。火药的主要成分——硝石、硫黄最初既可入药，又被用来炼丹。所以火药的医药作用和化学性质是最先被人们所发现的，这便是火药的早期应用。

　　《武经总要》为宋仁宗时曾公亮、丁度等奉皇帝之命历时五年编成，是中国第一部规模宏大的官修综合性军事著作。该书包括军事理论与军事技术两大部分，其中大篇幅介绍了武器的制造，对于研究中国古代军事史、中国古代科技史有重要意义。

早期火药

将毒药、烟雾剂、碎片等掺杂其间，能够瞬间释放出巨大的热能和气体，具有燃烧速度快、威力大的特点，能够代替艾草、油脂等，因此成为较好的燃烧材料。

根据史料来看，火药最早被应用于军事大概是在唐朝末年。唐昭宗天佑元年（904年），郑璠进攻豫章时，曾经"发机飞火"。许洞在《虎钤经》中说，飞火者，谓火炮火箭之类也。《虎钤经》所载的火炮火箭便是目前所知的我国最早的火药兵器。

火药发明之后被用于军事上，制成火器，它的杀伤力的范围和大小都不是冷兵器所能比的。火药和火器的出现可以说为我国开启了一个崭新的兵器时代，从此我国兵器的发展跨入到火药兵器的时代。火药兵器的出现在我国兵器发展史上画上了重重的一笔。

《虎钤经》，北宋许洞历时四年所著，是宋朝的一部军事学著作。该书以上言人谋、中言地利、下言天时为主旨，兼及风角占候、人马医护等内容。在体例上，分类编排，汇集了与军事有关的天文、历法、记时、识别方位以及阵法等多方面知识。

角声满天秋色里
宋金对峙无休止

　　宋金时代实现了从火药到枪的历程，从而发出了人类的第一声枪响。970年，当时国家军火部门的头头冯继升神秘地给皇帝说，不好了，一种终极武器被他人制造出来了！大家跑去一看，原来是"火箭"：真的是箭，但箭杆头上裹了一团火药，装了个捻子。在第二次抗金战役中，金军把"山寨版"的火药武器"嗖嗖"地往汴梁城里扔，北宋却派神棍做法请"天兵天将"。但"天兵天将"没下凡，汴梁城头上却出现了金军的身影。

军用火药秘密配方知多少

三个火药配方

于庆历四年（1044年）编撰修订成的《武经总要》一书记载了三种神奇的火药配方：火炮火药方、蒺藜火球火药方、毒药烟球火药方。

火炮火药方

晋州硫黄一斤四两、窝黄七两、焰硝二斤、麻茹一两、干漆一两、砒黄一两、定粉一两、竹茹一两、黄丹一两、黄蜡半两、清油一分、桐油半两、松脂一斤四两、浓油一分。

上述原料配备齐全后，制药师傅们便按规定一面将黄蜡、松脂、清油、桐油放在一起煎熬成膏，一面将其他各种配料分别捣碎碾细，筛选合用的粉末，放

宋金时期战乱连连，火药因此也成了战场上必然会露面的杀手锏。那么军用火药究竟有着什么样的神奇配方呢？是不是和制丹火药有着一样的工序呢？我们现在就来一睹为快！

入膏中和匀，成为膏状火药；然后用纸在火药外面包裹五层，用麻缚定；最后再融化松脂，敷在外壳上。至此，一份火药便新鲜出炉。

蒺藜火球火药方

　　硫黄一斤四两、焰硝二斤半、粗碳粉二斤半、沥青二两半、干漆二两半捣为末；竹茹一两一分、麻茹一两一分剪碎。用桐油和小油各二两半、蜡二两半溶汁和之，即为蒺藜火球火药。纸一斤二两半、麻十两、黄丹一两一分、灰末半斤，以沥青二两半、黄蜡二两半溶汁和之，作为封固火球外壳的涂料。

毒药烟球火药方

　　重五斤。用硫黄一斤五两、草乌头五两、焰硝二斤四两、巴豆五两、狼毒五两、桐油二两半、小油二两半、木炭末五两、沥青二两半、砒霜二两、黄蜡一两、竹茹一两一分、麻茹一两一分捣和为球，贯之以麻绳一条，长一丈二尺、重半斤，为弦子。用纸一斤二两半、麻皮十两、沥青二两半、黄蜡二两半、黄丹一两一分、炭末半斤捣和为涂料，外敷于球壳之上。

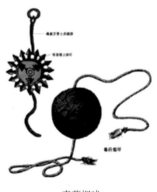

毒药烟球

　　这三个火药配方是我国古代劳动人民、药物学家、医学家、炼丹士经过几百年甚至上千年的努力探索取得的丰硕成果。它们的正式公布标志着我国军用火药发明阶段的结束。此后，火药研制者们的主要任务是改良火药的性能，增加火药的品种。三个配方言尽于此，虽然配方已比较成熟，但毕竟是古代火药配方，希望列位看官不要轻易在现代生活中尝试，防止引火烧身、玩火自焚。

火球

火器团体里的那些哥们儿

知道了火药的配制秘方，想必我们现在又想寻根究底，究竟以火药作为药引子的武器们都长得是啥模样？高富帅OR屌丝？披着一身金缕玉衣OR大褂布衣？其实啊，它们的风格是迥异的：有的出身高贵，有的名号威震四方，有的铁骨之中透露出柔情……

燃烧性火器

杀伤性武器：蒺藜火球

蒺藜火球以"炸伤"与"刺伤"为杀手锏，是一种一箭双雕的攻击性武器。其制作方法如下：首先，按照蒺藜火球火药法将火药配制好，用三把有六面尖刃的铁刀包住用上述火药配方所制成的药团；然后，用纸一斤二两半、黄丹一两一分、炭末半斤、麻十两、沥青二两半、黄蜡二两半溶汁调和，并用长一丈二尺的麻绳穿过药团，药团外面再以厚纸及杂药（即前述的药泥）敷之，再将八支有倒钩的铁蒺藜插装在药团外面。此物可用炮或床子弩等发射。

霹雳火球魅力可比霹雳娇娃

美国名叫查理的亿万富翁开了一家私人侦探社，内有三名美貌和智慧兼具的女侦探：有着魔鬼般身材的娜塔莉、长着甜美面孔的迪兰和会中国功夫的华裔女子艾列克斯。她们这个团队借助各种高新科技装备，极有效率地完成了很多艰巨的任务，被冠以"霹雳娇娃"的美称。霹雳火球和霹雳娇娃魅力指数相当！"霹雳火球"的制作方法如下：首先，选用长二三节的干竹一段，用薄瓷三十片，同三四斤火药拌和，再用椭球形纸壳将竹节裹住，两头各有一寸多露在外面。这种火球用于守城，当攻城敌军在城外挖掘地道攻城时，守城士兵则用侦听器械"地听"，侦测敌人挖掘地道的路线，选择最佳地点，向下挖掘竖井，对准地道，把用火锥烙开壳面的霹雳火球掷向地道内烧裂，产生霹雳般巨响，用竹扇扇出烟焰熏灼攻城敌军。

霹雳娇娃

剧毒教主：毒药烟球

毒药烟球以散发巨毒物毒杀敌军而威震"武林"，它属于火球。此球能够用火炮发射，也可以使用火箭、弓、弩发射，具有炸伤及毒毙敌人的作用。它被认为是世界上最早使用的毒气弹。它的制作方法如下：在一个纸质的球壳内装填适量的火药，并添加上能让人腹泻的毒药巴豆及能置人于死地的砒霜、草乌头等5斤毒性极大的药物。将以上所有的原料捣弄成球状，并将麻皮十两、废纸一斤二两半、沥青二两半、黄虫葛二两半、黄丹一两一分、炭末半斤涂抹于外壳。这种火球发射后不但可以炸伤敌人，而且可以使敌人元气大伤，弄得口鼻流血。毒药烟球主要适用于守城战。当敌军前来攻城时，守城士兵先用火锥烙透球壳，再用安于城上的抛石机将其抛射。

竹火鹞是鸟还是竹？

如果我们"以名取物"，会误以为竹火鹞是地下

蒺藜，一年生或多年生草本，羽状复叶，小叶长椭圆形，花小，黄色，但是果皮有尖刺，不易察觉，全株密被灰白色柔毛。主要药物疗效为平肝解郁，活血祛风，明目，止痒。蒺藜火球是一种散布障碍物铁蒺藜的火球。

生长的竹子，或者是天上飞翔的鸟。其实，它的取名和它所用材质还是有很大关系的。它是用竹篾编成，腹大口狭，像修长的竹笼，外面糊上数层纸张，并把它涂抹成黄色，将配好的火药一斤放入笼中，并加入一些小卵石，以此来加大它的重量。然后在笼口用杆草三五斤束成尾形，并封住笼口。施放时点燃尾草以炮发射，或用抛石机发射，以烧敌人群、惊敌人马。

猛火油柜跟石油有亲缘关系

猛火油柜

猛火油柜是中国古代的一种喷火器具。据《武经总要》记载，猛火油柜以猛火油为燃料。猛火油就是我们所说的石油，远在3000多年前，中国劳动人民就发现并使用了石油。南北朝以后，石油就被用于战争中的火攻。

913年，后梁王李霸用石油作为纵火材料焚烧杨刘城的建国门，这是石油用于火攻的最早记载。猛火油柜用熟铜为柜，下有四脚，上有四个卷筒，卷筒首大尾细。尾巴处开了一个小窍，大如黍粒；首为圆口，径半寸。柜旁开一窍，卷筒为口，口有盖，是灌油的地方。管上横置唧筒（原始活塞机械），与油柜相通，每次注油3斤左右。唧筒前部装有"火楼"，装满了引火药。发射时用烙锥点燃火楼中的引火药，使火楼体内形成高温区，同时通过传导预热油缸前的喷油通道，形成预热区。然后用力抽拉唧筒，向油柜中压缩空气，使猛火油经过火楼喷出时遇热点燃，从火楼喷口喷出烈焰。烈焰的样子形似火龙，以烧伤敌人和焚毁战具为目的。"猛火油柜"是一个以液压油缸作为主体机构的火焰泵。它在古代城邑攻防作战中显示了巨大威力。"猛火油柜"在宋代是守城战和水战中的利器。

疆场一声雷——震天雷

　　金哀宗天兴元年（1232年），金兵驻守南京（此南京非彼南京，它今天属于河南开封），金兵曾向攻城的蒙古军队发射震天雷。震天雷是北宋后期发展的火药武器，身体粗大，但是口子细小，里面装满了火药，外壳使用生铁包裹，上面安了引信，使用时根据目标的远近来决定引线的长短。引爆后它能够将硬邦邦的生铁外壳炸成碎片，并打穿铁甲。其威力真是比"电闪雷鸣"还大，它是手榴弹的前身。蒙古军队南侵之时，金军以火药武器抗蒙，也就是使用我们讲到的震天雷。

　　引信，又称信管。根据不同炮弹弹种和对付目标的需要选择不同的引信。爆竹的火药捻子即是最早的引信。

突火枪并不能百发百中

　　突火枪是中国古代一种口径和重量都很庞大的管形射击火器。南宋理宗开庆元年（1259年），宋军发明了这种管状火器。它以巨形竹筒为枪身，内部装填火药与子窠（即子弹）。待引线点燃后，喷发出火药，于是"子窠"射出，射程可至150步（约230米）。当时被命名为"突火枪"，它的基本形状如下：前段为一根粗的竹管；中段膨胀的部分是火药室，外壁上面有一点火小孔；后段是手持的木棍。发射时，木棍挂着地面，左手扶住铁管，右手点燃引线，随即便发出一声巨响，射出子弹，未燃尽的火药

突火枪

火药

气体喷出枪口达两三米。这种原始的火枪仅仅是"以声夺人"，它并无多大杀伤力，对人只有心理威慑作用。所以，对"突火枪"千万不要抱着百发百中的心理，那样你会大失所望的。如果是一个二十人的火枪队，一次射击能有五个人成功地开火就已经是万幸了；射出的五发子弹中有两颗能在到达敌人面前之前不掉下来就又是万幸中的万幸了；而到了敌人的面前，情况又有可能会是有一颗子弹从敌人的身旁飞过，并未切中敌人要害部位；而最后的子弹可能会因为敌人的甲胄坚固被反弹回来。总而言之，它所拥有的只是"下马威"的功力。

飞火枪可冷可热

飞火枪是中国最早装备单兵的两用兵器，是以管形火器为主的冷热结合型兵器。其形制为16层，长约2尺，黄纸做成筒形，内装火药与铁渣等物，用绳缚于枪头附近。作战时，士兵各带小铁罐，内藏火源，接近敌军时，点燃火药，喷射火焰烧灼敌人。火药燃尽后，再将刺敌武器等物绑扎于枪头。它是金朝时期发明的一种火器，具有极强的近距离杀伤力。

在外观上，它与梨花枪有些许类似。19世纪的西方学者

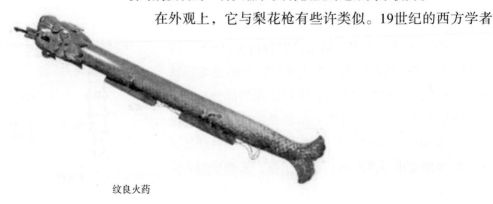

纹良火药

武断地认为它是一种飞行的火箭，但之后研读了金史中的文献以后，重新提出了飞火枪是一种手持的火器。李约瑟在《军事技术·火药的史诗》一书中提到，飞火枪肯定为飞火之枪（Flying-fire Spears），而不是飞之火枪（Flying Fire-spears），很准确地说明了它的本质特色。另有记载说，梨花枪、飞火枪等最早可能出现于五代（敦煌壁画中有描绘记录），在宋朝与金朝对北方民族的战争中被使用。明朝书籍《武备志》中介绍，火枪的柄长六尺，枪头约一尺，头上有双钩镰、双喷筒，并注明此枪因有两喷筒而得名火枪。

火箭火器类
霹雳炮

　　霹雳炮是北宋末年发明出的一种高威力火炮，声音如同霹雳，威力也极其巨大，所以这样称谓它。它又被称为火药火球。其实，早在北宋初年，民间娱乐时就经常燃放一些名为"起火""流星"等的烟火。

　　这类民间烟火靠火药的反作用力升起或旋转，等于玩赏火箭。南宋初年，便出现了依靠火药燃气的反作用力发射的应用于军事的火箭。其明确的历史轨迹是：北宋开宝三年（970年），冯继升发明火箭法。开宝八年（975年），宋朝在攻打南唐时使用了"火炮"和"火箭"。1000年，唐福制造了火箭、火球、火蒺藜。1002年，石普制成火球、火箭。北宋政府在建康府（今江苏南京）、江陵府（今湖北江陵）等地建立了火药制坊，制造了火药箭、火炮等以燃烧性能为主的武器。宋敏求的《东京记》中记载，京城开封有制造火药的工厂，叫"火药窑子作"。靖康元年（1126年），金围攻汴京，李纲在守城时曾用霹雳炮。霹雳炮在南宋绍兴三十一年（1161年）虞允文领导的采石之战中立下了战功。

飞火枪

韩世忠

初级火器吃硬不吃软

火药在制成初期就开始显示出它非池中物的天赋了。火药制成初期其实已经开始出现有杀伤力的武器了。战争是残酷的，但初级火器在战场上如鱼得水。下面就让我们一起看看让这些火器大显神威的那些战争吧。

完颜宗弼与飞火箭擦出火花

南宋建炎三年（1129年），金太宗完颜晟以完颜宗弼为统帅，率十万大军南下攻宋。11月，宗弼军自马家渡（今安徽马鞍山市东北）渡江。宋浙西制置使韩世忠为避其锋，自镇江（今属江苏）引军退守江阴（今江阴）。宗弼迫降建康（今南京）后，迅速挥师南下，奔袭临安（今杭州）。天会八年（1130年）4月12日夜，宗弼命金军利用老鹳河故道，开渠30余里，连通江口，于次日冲出黄天荡，驶至建康附近江面。韩世忠发觉后率军沿江西追击堵截，至建康以北江中扼守，继续阻遏金军渡江。宗弼突围无望，出重金求破宋军海船之策。福建人王某教金军在舟中填土，上铺平板，以防止轻舟在风浪中颠簸及宋军用铁钩钩船，并在舟之两侧置桨，以加快行船速度，便于机动作战；有风勿出，息风则出，并以火箭射船篷。宗弼连夜赶制火箭，并命将士在建康西南白鹭洲开掘新河，乘韩世忠不备，率船队迂回至宋军上游。25日，天晴无风，宋军海船庞大，难以行驶。宗弼以轻舟载善射将士靠近宋军船队，用火箭射燃宋军船篷，宋统制官孙世询、严永吉等战死，金军乘势追杀70余里。

火药当起了战场上的助理——陈家岛海战

南宋绍兴三十一年（1161年），在大敌当前的紧急关头，南宋原岳飞部将、浙西路马步军副总管李宝自告奋勇，愿率所部战船120艘、水军3000人浮海北上，阻击金国水军。李宝决定荫蔽接敌，采取火攻突袭战略，以求破敌。一日黎明，宋军船队利用天气，乘南风向北快速进发。将要接近金军船队时，李宝先以部分战船切断金军退路，然后命令部将曹洋在战鼓声中率领前锋船队，以火箭、火炮等火器向金军船队猛攻。金军大部舰船被烈火吞没。风向由北转南，宋水军战船乘风疾驰，李宝率舟师转山而出，突然向金军进攻。金军不习惯海上风浪，都睡在船舱里，金水军战船的水手都是被迫征来的汉族人，遥见宋军战船驶来，便把金兵骗至舱中，因此，宋水军得以突然冲入金水军泊地。金军死伤惨重。宋军乘风追杀百余里，金军除苏保衡等逃走外，其余大部被歼。

陈家岛海战进攻图

水战

宋金采石之战 ：霹雳炮迷人眼

　　南宋绍兴三十一年、金大定元年（1161年），金海陵王完颜亮领兵大举南下，想要灭掉南宋。完颜亮亲自率领17万军队，由寿春（今安徽寿县）直接进军江淮一带。宋淮西守将建康府都统制王权不战而遁，江、淮、浙西制置使刘琦奉命退守长江，金军遂顺利渡淮，进占和州（今安徽和县），准备由采石渡江。11月8日，完颜亮督舟师数百艘自采石西杨林渡口向宋军发起进攻。宋军奋勇出击，力拒来敌。驻于中流的宋舟师以海鳅船冲击金船，并施放神奇的"霹雳炮"迷敌眼目。金军虽伤亡惨重，但从早至晚仍激战不退。时有宋军溃卒300余人至采石，虞允文授以旗鼓，作为疑兵。金军以为宋援军到，于是引兵退回。虞允文为不给金军喘息机会，乘夜派遣满载柴薪等易燃之物的战船，阻截金人于杨林河口。第二天，虞允文命宋水师进攻杨林河口，先以神臂弓射退金骑兵，继而采用火攻，焚金船300余艘，金军大败。12日，完颜亮引兵转向淮东，企图从瓜洲镇（今江苏扬州南）渡江。15日，虞允文率军16000人星夜驰援镇江。27日，金军发生兵变，完颜亮被部将所弑，金军北撤。采石之战的胜利令南宋再次转危为安。在这次战役中，虞允文以军中所储的新式火器霹雳炮焚毁金军战船，让新型火器又在战场上"火"了一把。

火器卖命不卖萌——魏胜抗金起义

绍兴二十九年（1159年），金海陵王完颜亮恃累世强盛，决意兴师攻宋，施行虐政，激起各地军民反抗。绍兴三十一年（1161年）7月，魏胜探知金军大举进攻，于是乘机聚宿迁（今江苏宿迁西南古城）发起忠义军起义。魏胜根据形势用兵，白天遣骑兵袭扰，晚上出精兵突袭金营，用火烧了他们的攻城器械。后又得到了李宝遣军救围，他们合力击败了金军。

隆兴元年（1163年），为遏制金军，魏胜创制如意战车数百辆、砲车数十辆与金军对战，行则载运辎重，止则环为营垒，配以弓弩箭，坚守海州地域。隆兴二年（1164年），宋廷以议和撤海州戍兵，命魏胜徙知楚州。11月，金南征都统徒单克宁乘和议未决、宋军防御懈怠之机，率军突袭清河口（今江苏淮阴西）。魏胜率诸军阻击，镇江都统刘宝借口与金议和，拒不出兵相助，致魏胜孤军悬进，苦战数日，矢尽援绝，魏胜英勇战死，楚州（今江苏淮安）失陷。

值得一提的是，在隆兴元年（1163年）的抗金备战中，魏胜创制了数十辆抛射火球的砲车和数百辆安装数十支火枪的如意战车。战车前有兽面木牌，侧有毡幕遮挡，每车用两名士兵推行，可隐蔽士兵五十人。行军时，上载辎重器甲；驻营时，挂搭如城垒，敌不能进；列阵时，如意车列于阵前，弩车为阵门，砲车在阵中；作战时，三种车配合使用；敌我双方接近时，从阵中抛射火球，进行远距离的杀伤；近阵门时，刀斧枪手近身搏战；敌军溃退时，拔营追击。这可以说是古代的装甲坦克，配置高端，运行流畅，是不可多得的佳品。

国古代火攻走的是上坡路

很多火器在运用中都发挥了无与伦比的威力，说得夸张一点，几乎有震天动地的作用。那么，实践是检验战斗力的唯一标准，火器在火攻中到底扮演怎样的角色？有哪些火器可以充当火攻的角色？古代火攻技术究竟有没有在实践中愈走愈远？

火攻器具知多少

火攻作为一种重要的作战手段，在《孙子兵法·火攻篇》中就有专门的论述。在宋代以前的战争中，就有不少军事家采用火攻作战并取得胜利的战例。北宋朝廷为了总结历史上采用火攻取胜的经验和方法，在《武经总要》中记载了历代创制和使用的火攻器具，并绘制了20种图形。其中，最典型的火攻器具是火药箭、火球、火兵、火禽、火牛等。但是除了火药箭和火球外，其他都是用油脂、松脂等作为燃烧或引火之物，依靠人力投射，或借助弓、弩等器械施放和抛掷，或利用飞禽走兽和伪装的草人及其他运载物，将引火之物点燃后，作为火源运到敌阵燃烧，冲击敌阵。但这些引火之

诸葛孔明的火攻术

燃烧之火

物都像人一样，是需要氧气的。它们必然有相当一部
分在运行过程中耗散或者被风吹灭，因而会减弱甚至
失去燃烧的作用，从而降低了毁伤效率。火药箭和火
球却克服了上述火攻器具的弊病。由于火药与艾草、
油脂、松脂等引火之物不同，它能够自供氧气，所
以，无须在施放火药时还要直接点燃火药，只要用烙
锥烙透球壳与火药包，尔后借助抛石机、弓、弩向敌
方抛射和施放。当它们射中敌方后，火药就会被引
燃，产生比较旺盛的火焰，因而燃烧比较迅猛，毁
伤效率也比一般引火之物高得多。由此可见，火药
箭与火球的使用提高了火攻的技术。火攻器具的改
善和火攻技术的提高推动了新的作战方法的萌生，
正如恩格斯所说，火药是注定使整个作战方法发生
改变的新因素。

千淘万漉虽辛苦
元朝火铳传千古

"铜将军，天假手，疾雷一击粉碎千金身。斩妖蔓，拔祸根，烈火三日烧碧云。"此诗句出自元末明初诗人杨维桢。这诗所写的便是火药。

到元朝，火器的发展如疾风之速，元朝成为了当之无愧的"超级军事大本营"。元代末年出现的一种燃烧性火器——"没奈何"也确实让当时元朝的敌对势力对元朝"无可奈何"……

朝火药当起了领头羊

火炮

火药在宋朝崭露头角，到了元朝它的发展是否愈加成熟了呢？元朝的军事家们在战场上是否依然把火药当作最佳利器？火药在元朝所带来的福音是否远超过宋朝？或者，它的出现带来的是挥之不去的隐痛？我们通过元朝发生的"扬州炮祸"，来看看火药在元朝到底发展到怎样一个地步。

从"扬州炮祸"中看元朝火药

不知道是何故，元朝并没有在其史料中对火药的神秘配方做过多的记载。可是，我们可以从蒙古军在宋末元初广泛使用的铁火炮、竹火筒、突火枪、火药箭等对内、对外进行激战的史实中找出一些端倪。事实证明，元朝深藏不露。其实在那个时候，火药已经取得了长足的发展，其爆炸性能和发射威力也有了前所未有的增强。

在周密撰写的《癸辛杂识》中，就有关于元代火药具有巨大破坏力的记载。元朝至元十七年（1280年），扬州炮库发生了一次大爆炸事件，史称"扬州炮祸"。周密在对这次爆炸进行描绘时写到，炮库起火后，火枪奋起，迅如惊蛇……诸炮并发，大声如山崩海啸……远至百里外，屋瓦皆震……事定按视，则守兵百人皆糜碎无余，楹栋悉寸裂，或为炮风扇至十余里外。平地皆成坑谷，至深丈余。四比居民二百余家，悉罹奇祸。

据周密的描写，我们可以了解到，当时扬州炮库库存的火枪都已经装好了发射的火药，所以火枪着火后，万弹齐发，迅如惊蛇；诸炮齐发使得瓦砾横飞，楹栋皆裂，士兵毙碎，无辜百姓遭到荼毒，而且也

含火药成分的岩石

产生了强烈的冲击波（即炮风），将栋梁吹至十余里外。

　　这段描述可能经过艺术的加工，有些夸大其词，但基本史实还是可信的。从周密的描述中我们可以看出，元代用于装填枪炮的发射火药的威力、性能已大大超过了唐宋时期。其改良之处我们可以归纳为以下三点：

　　首先，提高了硝石和硫黄的提炼纯度，减少了杂质，改善了火药性能。这就表明，从北宋到元朝，经过漫长的实践和摸索，人们已经较为了解火药的"性格"，知道它讨厌那些低效能的成分，于是就立马把它们从火药配方中淘汰掉。火药兄弟于是就愈发展现其飒爽英姿啦。

　　其次，硝石含量已达60%以上，成品多为颗粒，具备了发射火药的基本条件，为火铳的创制提供了物质基础。

　　再次，让硝石、硫黄和木炭成为火药的"主打合伙人"。

南宋后期，由于火药的性能已有很大提高，人们可在大竹筒内以火药为"能源"发射弹丸，并掌握了铜铁管铸造技术，从而使元朝具备了制造金属管形射击火器的技术基础，中国火药兵器便在此时实现了新的革新和发展，出现了具有现代枪械雏形意义的新式兵器——火铳。

火铳的制作和应用原理是将火药装填在管形金属器具内，利用火药点燃后产生的气体爆炸力射击弹丸。它具有比以往任何兵器都大得多的杀伤力，实际上这是现代枪械的最初形态。中国的火铳创制于元朝。元朝在统一全国的战争中，获得了金和南宋有关火药兵器的工艺技术，建朝后立即集中各地工匠到元大都（今北京市）研制新兵器，特别是改进了管形火器的结构和性能，使之成为射程更远、杀伤力更大，且更便于携带使用的新式火器，即火铳。

火铳打遍天下无敌手

谁是"铜将军"

火铳是中国古代第一代金属管形射击火器，它的出现使火器的发展进入一个崭新的阶段。元朝火铳问世后，发展很快，在元末朱元璋建立明朝的战争中，充当了作战武器中的"VIP"……

有关元代的史料虽然对当时的火药配方没有直接的记载，但我们仍然可以从一些有关的事件中间接找寻到元代火药发展的踪迹。在元曲盛行的元朝，也活跃着一批颇有造诣的诗人，杨维桢就是其中一位。首先，我们从他所作的《铜将军》来领略一下他满腹的才情。

铜将军，无目视有准，无耳听有神。

杨维桢（1296~1370年），字廉夫，号铁崖、东维子，文学家、书法家。原籍浙江诸暨。少年时，其父筑楼于铁崖山，聚书数万卷。他终日勤读，自号"铁崖"。泰定四年（1327年），中进士，任天台县尹。后调钱清盐场，因不善逢迎，十年不获升迁。元修辽、金、宋三史，他作"正统辩"千言，总纂官欧阳玄赞叹："百年后，公论定于此矣。"后调任江西儒学提举，因交通受阻，未成行。值兵乱，浪迹浙西。张士诚据浙西，屡召不赴。后以冒犯丞相达识帖木儿徙居松江（今属上海）。

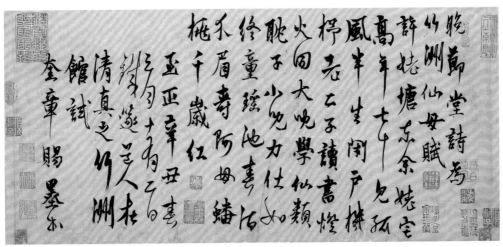

杨维桢书法

高纱红帽铁篙子，南来开府称藩臣。

兵强国富结四邻，僭上禀正朔天王尊。

阿弟住国秉国钧，逼大兄称孤君。

案前火势十妖嬖，后宫春艳千花嫔。

水犀万弩填震泽，河丁万钟输茅津，

神愁鬼愤哭万民。

铜将军，天假手，疾雷一击粉碎千金身。

斩妖蔓，拔祸根，烈火三日烧碧云。

铁篙子，面缚西向为吴宾。

元代青铜火铳

读罢此诗，想必大家都为铜将军的恢宏气势所撼。不难看出，诗中所诵的铜将军乃是元朝威力十足的一种火器，名为"火铳"。如此力敌千钧、气势磅礴的火铳究竟是怎么制造的呢？

火铳是怎样"炼"成的

火铳是中国元朝和明朝前期对金属管形射击火器的通称，有时又称"火筒"。火铳以火药发射石弹、铅弹和铁弹，它是在南宋长期使用的各种火枪的基础

元代火铳

上，随着火药性能的提高而逐步发展起来的，是元、明时期军队的重要装备。

元朝时，管形火器得到发展。火枪、火炮的竹管改用金属制作，起初是用铜铸造，叫作"铜火铳"；后来又改用生铁铸造，称为"铁火铳"。这时的金属管形火器不仅装填火药，而且还装有球形铁弹丸或石球，从而开创了在金属管形火器中装填弹丸的先例，这是古代中国劳动人民对兵器发展的重要贡献。这一时期火铳的发展，特别是专用火器军队的组建，使交战双方力量发生了变化。火器的巨大作用使得它成为战场上决定胜负的重要因素之一。元朝制造火铳始于何年，目前仍是一个未解之谜。历史长河浩淼无边，已有的文献未能给我们答案，现存最早的有铭文的元代火铳是陈列在中国历史博物馆至顺三年（1332年）的制品。火铳采用青铜铸造管身，能耐较大膛压，可以填较多的火药和较重的弹丸，因而大大提高了火器的威力。火铳使用寿命长，因此在发明以后不久就成为军队的重要装备。

火铳用铜或铁铸成，但是铜铸较多，由前膛、药室和尾銎构成。通常火铳有以下几种样式：单兵用的手铳，城防和水战用的大碗口铳、盏口铳和多管铳等。手铳轻巧灵便，铳身细长，前膛呈圆筒形，内放弹丸。药室呈球形隆起，室壁有火门，供安放引线点火用。尾銎中空，可安木柄，便于发射者操持。有的手铳从铳口至铳尾有几道加强箍。大碗口铳和盏口铳都因铳口的形状而得名，其基本构造与手铳类似，只是形体短粗，铳口呈碗（盏）形，可容较多的弹丸。有的碗（盏）口铳尾銎较宽大，銎壁两侧有孔，可横穿木棍，将铳身置于木架上。发射时，可在铳身下垫木块调整俯仰角。用于水战的碗口铳多安于战船的固

管形火器在战争中的运用

定木架上，从舷侧射击敌船。

元火铳VS突火枪

如果让元火铳与突火枪来进行一场PK赛，其激烈程度应该不亚于湖南卫视的《我是歌手》吧！但是两者究竟谁能取胜呢？毋庸置疑，元火铳在当时的霸主地位是无人能及的。现在让我们一起来领略它的高超之处吧。

NO.1 元火铳比较"长寿"。金属制元火铳铳壁的熔点高，耐烧蚀性好，抗压力强，不易炸裂，能够适应因火药性能的改良和装药量的增多而增加的膛压，所以一支元火铳能够使用多次而无须更换，使用寿命人为延长。

NO.2 元火铳的制造规格易于统一。元火铳是按一定规格量身成批铸造的。同一批火铳的各部尺寸事先都有设计，除了制造工艺所产生的误差外，其他误差甚小，这样便可严格控制火铳药室的尺寸，保证装药量达到标准，既能保证发射威力，又可提高发射时的安全性能。

手铳示意图

NO.3 元火铳的构造比较合理。元火铳在外形上已能明显区分出铳膛、药室和尾銎三个部分，各部分的横截面都呈圆环形，口径、铳长、铳膛长、药室长之间虽无准确的数量比值，但其外形结构已反映出适合发射需要的粗略的数量关系。这就好比人身材的黄金比例一样，越精确于那个值越好。

原理阐释——药室部呈球隆起，其内外径大于铳膛的内外径，因而使药室具有较大的容积和横截面。这种构造能使火药在较大横截面的药室内迅速燃烧，增大了横向燃烧面，提高了燃烧的瞬时性，瞬间生成具有较大压强的大量高温气体，并被挤压（压缩）入截面较小的铳膛中，使压强再次增大，从而提高了发

火铳

射力和弹丸的飞行速度及杀伤力。

NO.4 元火铳的射速"如风"。 元火铳的内壁光滑细腻，发射后残存于铳膛内的药渣较易"卸妆"，费时较少，因而提高了射速。由于火铳在这方面的优越性，在创制成功后便用于作战。不但元军使用，元末农民起义军也多有采用，尤其是朱元璋率领的起义军使用最多，火铳为其夺取政权立下了汗马功劳。

火铳是现代枪炮的祖师爷

老百姓一旦谈论起国家大事，总爱牵扯到"打不打仗""和谁打仗""打得赢吗"等问题。这其中，我们也总会审视自身的军事和国力。与此同时，积极的国人们总爱发表些阿Q式的言论：中国一放炮，把那些外国人都要吓破了胆。消极的国人们却长叹一声：哪比得上那些狡猾的外国人，人家拿火药做兵器轰炸我们的时候，我们却还在把火药当娱乐、当玩具！连鲁迅先生也曾说，火药发明之后，西方人用来装子弹，中国人用来放鞭炮。然而，随着对史料的研究和考古发现的不断进展，这样的说法并不正确。

宋、元时期，火药基本原料的成分已有较合理的配比，在军事上得到应用，出现了早期的火药武器。宋、金时已出现用竹筒装填火药发射铁、铅和石制的球形弹丸，元代工匠发展了管状火器技术，造出金属的新型武器——火铳。

中国火铳的发明要比西方国家早得多，而现存世界上最早的两尊火铳就是元代工匠的杰作，现藏于国家博物馆的元至顺三年（1332年）铜火铳就是其中一尊。

火铳在元朝战场上耍帅扮酷

火铳在攻城战中叱咤风云

在元末攻城战中，火铳主要用于击杀守城官兵的个体目标。其中的明星战役有二。

其一是朱元璋部将胡大海率军进攻绍兴之战。据徐勉之记载，元至正十九年（1359年）2月，胡大海部进攻绍兴，张士诚部将吕珍率部坚守。3月，胡大海部用火铳射击守城官兵，吕珍部下总管钱保的手臂被火铳击伤。

其二是朱元璋部将徐达进攻平江（江苏苏州）之战。元至正二十六年（1366年）11月，徐达率领20万大军进攻平江，进行歼灭张士诚势力的最后一战。为此在长城外筑围。在弓、弩、火箭的射击下，张士诚

> 火铳威力巨大，在战场上的作用越来越明显。下面就让我们具体来观摩观摩火铳在战场上的飒爽英姿。

部下被击杀，连他的弟弟张士信也在平江被围的第二年被"铜将军"火铳所发的弹药击中脑壳而死。经过一年的围困，城内士兵饥饿无粮，可悲的是，老鼠也被吃光，最后兵败城破，张士诚被俘后送至金陵（南京），于次年9月走上了自杀的不归路。

火铳在守城战中威风凛凛

在守城战中，常常是冷热兵器相结合，击退攻城的敌军。元至正年二十二年（1362年）2月，张士诚令其弟弟张士信和部将吕珍率领10万人进攻全城。朱元璋部将谢再兴率兵坚守29天，全城没有被攻破，此时，恰巧胡德济率兵自信州来援。他们在侦知敌情后分门而守。到了夜半，令军士饱餐后出击，一时城中"铁炮金鼓震天地"，敌军震恐，胡德济督兵出城反击，张士信部自相残杀，大溃而退。另外，类似的还有朱元璋部将邓愈在元至正二十三年（1363年），4~7月的坚守南昌之战中，指挥守军用火铳与冷兵器相结合的守城技术，将陈友谅攻城部队顿兵城下达85天之久。

朱元璋与陈友谅

火铳在水战中的飒爽英姿

想必大家都知晓历史上名声大噪的乞丐皇帝朱元璋。他的历史已被翻拍成了经典武侠电视剧《乞丐皇帝朱元璋》。他是怎样一步步由一介草民蜕变为一个统领千秋霸业的皇帝的呢？这其中的确隐藏了诸多传奇的故事。在此，我们不得不提的是，他最强劲的战敌——陈友谅，他们这两个有勇有谋的名将最终分别成就了怎样的结局？对此，我们必须走进那场一决雌雄的鄱阳湖决战。

1363年7月，朱元璋率舟师20万至鄱阳湖，同陈友谅号称60万的主力进行决战。战前，朱元璋察看了陈友谅以巨舟相连的水阵，认为其不利进退，遂将本部水军战船分成20队，把船上装备的火器、弓、弩以次鳞列，并授将士攻敌之术：近寇舟，先发火器，次弓、弩，近其舟则短兵击之。作战开始后，朱军即按部署攻击陈军水阵，将舰船上装备的火炮、火铳、火箭、火蒺藜、大小火枪、大小将军炮等火器一起发射、抛掷至陈军战船上，焚毁战船20余艘，陈军死伤无数。之后，双方又经过多次激战，陈友谅部溃败。朱、陈双方在鄱阳湖的决战是中国战争史上第一次使用火铳进行的水战。

朱元璋大战陈友谅

盏口铳

细 说小有名头的火铳、 火炮们的俏颜

好的思想会被更先进的思想所替代，好的科学会被更合乎时代的科学所替代，好的火器当然也会被更好、更实用的火器所替代。时代在发展，科技在进步。下面就让我们来看看元火铳和这些新的武器。

正所谓"长江后浪推前浪，一浪更比一浪强"。元代火铳是元代火器发展的巅峰。正因为它的出现，管形火器完成了由竹火枪向金属火枪的过渡，同时也将我国火器的发展推向了一个崭新的阶段。从目前我国出土和收集到的实物看，元火铳主要有以下几种：

元代和明初出现了盏口铳与碗口铳，一直发展到清代。盏口铳形如其名，拥有特别的酒盏形铳口部，并有铳膛、药室和尾部。

中国历史博物馆藏有一尊元代至顺三年（1332年）制造的盏口铳，于新中国成立前在北京西南郊云居寺发现。它由盏形铳口、铳镗、药室和尾銎等部分组成。铳口部较大，可安放较大的石制或铁制球形弹丸。铳膛呈直筒形，药室呈灯笼罩式隆起，壁上开有火门，用以安插火捻。尾部两侧壁各有一个方孔，可横穿一轴，便于提运和将铳身安于架上发射。发射时，在铳身下垫砖木或将其放于支架上，以调整俯仰角度。该铳全长35.3厘米，口径10.5厘米，底径7.7厘米，重6.94千克。该铳铳身刻有"至顺三年二月十四日，绥边讨寇军，第三百号马山"等字样，表明它为元至顺三年（1332年）所造，是用于装备军队进行野战的。迄今为止，世界上尚未发现能够确证比它更早的金属管形火器。

碗口铳的嘴巴像碗

为什么叫"碗口铳"呢？因为该铳的铳口部形似碗状。碗口铳在构造上与盏口铳相似，是一种小型火炮，没有瞄准具，身管短，射速慢，射程近。由于没有瞄准具，命中率较低。北京军事博物馆现存一具明太祖洪武五年（1372年）用铜铸造的大碗口铳，口径11.57厘米，长约36.7厘米，重31.5千克。铭文为：水军左卫，进字四十二号，大碗口筒。可见这种火器已用于水上作战。

从考古实物中鉴定，最早的一门碗口铳制造于明洪武五年（1372年）。碗口铳的一般长度为31.5~63厘米，口径为10~23厘米，重量为8~70千克。元末明初时碗口铳已用于作战，大都用于装备水军战船和沿边沿海各要隘要塞的守备部队。

至正辛卯铳是铜身

至正辛卯铳用铜打造而成，系铜手铳，于乾隆二年（1737年）在山东益都苏埠屯被人发现，新中国成立后收藏于中国人民革命军事博物馆。此铳全长43.5厘米，口径3.5厘米，重4.75千克。铳身从口至尾有六道箍，药室靠近中部呈灯笼罩状，尾銎壁有两个钉眼，可能用于安手柄。铳身前部刻有"射穿百扎，声动九天"八字，中部刻有"神飞"二字，尾部刻有"至正辛卯、天山"六字，至正辛卯为元至正十一年（1351年），故将此铳称为至正辛卯铳或至正十一年铳。

火铳原创于我国元代，它是依据南宋火枪，尤其是突火枪的发射原理制作而成的。

虽然史料中关于火铳的记录屈指可数，但是在新中国成立后，搜集起来的元火铳数目与日俱增。这为分析其有关问题提供了相当珍贵的资料。

从忽必烈统治后期到元成宗时的近20年，元朝先后发动了平定东道蒙古和西道蒙古叛王的战争，甚至与日本也进行了激烈的交战。但是这些战争在书本中的记录少之又少。直至近些年来，考古学界发现了一些铜火铳，我们才能把它们的出土地域同上述战争发生的年代联系起来进行综合考察，以此寻找其交汇点。

碗口铳

阿老瓦丁，西域木发里（今伊拉克摩苏尔）人。至元八年（1271年），元世祖向伊儿汗国宗王阿八哈征调炮匠。阿八哈于是派阿老瓦丁、亦思马因应了元世祖的诏书，二人携家人赶到京城——大都，朝廷还给他们分配了官舍。可见，当时朝廷对造炮技术的重视。他们制造的最早的大炮竖于五门前，忽必烈命令试验，各赐衣段。至元十一年（1274年），元军渡江，平章阿里海牙遣使求炮手匠，阿老瓦丁受命前往，在攻克潭州、静江等郡的战斗中，他的回回炮发挥巨大作用。至元十五年（1278年），他被授予宣武将军、管军总管。至元十七年（1280年），终于受到忽必烈接见，赐钞票五千贯。第二年（1281年），任职屯田于南京。至元二十二年（1285年），枢密院奉旨把元帅府改为回回炮手军匠上万户府，阿老瓦丁任副万户。大德四年（1300年）告老退休。

上述几种火铳是较有代表性的元代火铳制品。它们在结构形制上都与南宋时期的突火枪相似，同属管形射击火器。其主要区别在于突火枪是以天然竹筒作为枪筒，而元火铳的铳筒则是用金属铜或铁铸造而成。元火铳以金属管形火器取代了竹制管形火器，在管形火器发展史上产生了一次质的飞跃。同宋代竹火枪相比，元代火铳不仅更加坚固耐用、安全可靠，而且由于不受管形材料限制，制造规格更加统一，结构更加合理，发射速度、杀伤威力也大为提高。所以，元代火铳出现以后，很快被元军广泛使用。

回回炮与抛石机有着怎样的渊源

听其名字，有人认为回回炮是"火炮"。其实不然，回回炮又名西域炮、巨石炮、襄阳炮，是投石机或重力抛石机的改良版武器，发射的是巨石，而不是碎铜、破铁、沙石之类的东西，更不是可以爆炸的炮弹。它是一种以机抛石、用于战争攻守的武器。这种抛石机在古代抛石机的基础上改良，阿老瓦丁的改进、创新使其更加先进，威力更加巨大。

蒙古人远征波斯时，发现当地有火炮，炮身以木头制造，所用弹石重达75千克，射程近400米，落地时砸地深7尺，威力甚大。至元八年（1271年），元世祖遣使到波斯，向伊儿汗国宗王阿八哈征调炮匠阿老瓦丁和亦思马因。至元九年（1272年）11月，阿老瓦丁制成回回炮，在大都午门前试射成功。13世纪，在中国历史上发生了长达六年（1267~1273年）之久的宋（蒙）元襄樊之战。在这次著名的战争中，元军使用回回炮先后攻打樊城、襄阳城。

在《史集》记载的参与攻城的回回炮手中，除了亦思马因，还有阿老瓦丁以及两个大马士革人。宋元襄樊之战中，元军使用回回炮射中襄阳谯楼，其爆炸声音如同雷霆震动，使整座城都沸腾了，致使很多人都在回回炮面前投降了。比如，宋将吕文焕自知不敌，因此投降。元军利用这种威力巨大的回回炮不断扩大战果。至元十一年（1274年），元军渡江，宋兵陈于江南岸，拥舟师迎战。亦思马因之子布伯于北岸竖回回炮击之，宋舟全部沉没。至元十三年（1276年），元军以回回炮先克潭州，继克静江，将战果扩大到湖南、广西。后来南宋王朝也曾令边郡仿造回回炮，但终因败势已定，未能挽回战局。在双方的决定性战役中，回回炮立下了汗马功劳。至元十一年（1274年）元朝建置回回炮手总管府，以阿老瓦丁为管军总管、宣武将军，至元二十二年（1285年）元帅府改为回回炮手军匠上万户府。

配重　抛杆　轴　活钩　木架　底座　抛物

回回炮

回回炮在战场上的英姿

回回炮的威力使得蒙古军在征战中战无不胜。1241年4月，蒙古骑兵在多瑙河畔大破欧洲最精锐的十万匈牙利大军（由匈牙利国王贝拉四世率领），杀敌七万多人。蒙古的骑射手足以在野战中得胜，而在面对坚固的城墙时，蒙古人还有一种攻城利器，那就是从西域"进口"的回回炮，在这种超大型投石机投出的巨型弹丸面前，再坚固的城墙也抵挡不住。

史书记载，这种巨炮声震天地，所击无不摧陷，入地七尺。蒙古人就是靠它在1273年攻下强攻数年而不克的襄阳城，所以蒙古人亦称此炮为"襄阳炮"。蒙古人南征北讨几乎百战百胜，除了骑兵之外，拥有回回炮也是一个重要因素。

襄阳古城墙

醉卧沙场君莫笑
明军部队"剑"出鞘

朱元璋一统江山之后，火药、火器发展形势一片大好。火器专家赵士祯卫国保民，精心研制，各式火器纷纷亮相，火炮、火箭威力使人震惊。正所谓"时势造英雄"，明朝的战争给火器提供了广阔的示威舞台，火器成为了当时的英雄，驰骋疆场，威力十足。

火铳称雄的年代，流行着这样一句话：一名受过十天训练使用火铳的农民可以让一名习武十年的满族骑士变成浮云。我们在仰慕和膜拜火铳的威力十足时，也不要忘了在火铳背后的这位幕后英雄——火药。它很大程度上决定了火铳杀伤力的大小。

在明朝，火药的最主要配料硝、硫、炭相比之前有了很大的转型，其份额在火药的配比中也有了很大不同，可以说完全颠覆了之前的作风，掀起了一场火药界的革新浪潮。

所谓"长江后浪推前浪，一浪更比一浪强"。明代是我国古代火药技术的飞速发展时期，在火药理论的探究和探讨问题上也留下了光辉的篇章，主要表现在发掘了硝、硫、炭中的精英分子，改良了火药的配制。

明代火药也玩"升级"

三剑客——硝、硫、炭玩"单纯"

吃货们在品尝一道菜时，色香味俱全无疑是他们的一贯追求。但是，要做好这样一道美味佳肴需要有一副好手艺。火药也如此，要炼成一副好火药，同样需要好手艺。我们知道，在火药的不断升级中，硝、硫、炭逐渐稳居了火药配料的前三甲地位，而它们想要受到青睐和重用就必须"单纯"。那么，炼制火药的高手又是如何将其"提纯"的呢？下面就让我们来看看他们的"秘籍"吧。

秘籍一： 硝的"提纯" 硝作为火药配料里面的大哥大，它的纯度对火药性能的影响是相当大的。我们通过明朝一些兵书（如唐顺之的《武编》、戚继光的《纪效新书》、赵士祯的《神器谱》）的记载，可以大致把它的提纯过程归纳为以下三点：其一，把天然的硝石放进纯净的淡水中，把泥沙等杂质都淘汰掉；其二，把适量的鸡蛋清、胡萝卜等吸附物放在硝溶液

硝石

中煮沸，吸掉硝溶液里的盐分和渣滓；其三，把明矾（明矾又称白矾，是含有结晶水的硫酸钾和硫酸铝的复盐）、明胶（明胶以新鲜牛皮和猪皮为原料，严格筛选鲜骨皮，通过反复洗浸、脱脂中和、蒸煮液化、灭菌过滤、浓缩烘干等几十道工序制成）放进硝溶液中再次煮沸，然后将硝溶液放在容器中冷却凝固，这样，废弃的水就在容器上层，泥末被打入底层，纯硝就安然地躺在中间，等待"炼药高手"去水除渣，将其提纯晾干。

硫黄

秘籍二：硫的"提纯" 硫黄是火药配料群族里面的老二，是一种快速易燃物，对火药爆发力的影响也是相当大的。那么，关于硫的"提纯"，我们应如何应对呢？其一，将天然的硫黄块碾碎，剔除掉杂物；其二，将碾碎的硫放进锅中煮沸，去除杂质，倒进瓷盆中沉淀一天，淘汰掉沉淀

炭

物，以获得粗硫；其三，按5千克硫黄和0.5千克牛油、0.5麻油的比例煎煮；其四，舀出一部分硫油混合物，放入冷水盆中冷却，等其变为固体硫块，再去除杂质和黄沫。至此，硫就完成了"蜕变"。

秘籍三：炭的"提纯" 众所周知，炭通常用作燃料。在农村，一旦到了寒冷的冬天，就会流行"烤炭火"。炭是火药的燃料，它直接影响到火药的燃烧。我们在木炭提炼上也是有据可循的：其一，最好选用清明时节左右的柳条作为原料，原因在于那个时候的

柳条叶片处于"含羞"状态（即将要萌发却尚未萌发的阶段），精华都堆积到了柳条上；其二，将柳条进行修整，剥皮去节，风干后再把它进行"迷你"型改造，烧制成炭。

北方的气候不适合柳树的生长，所以柳条相对较少，制炭材料也可使用杉木顶替，但它的功效相对而言较差，故而柳木在制炭材料上的龙头老大地位不可动摇。

看完了火药配料——硝、硫、炭的提纯秘籍，下面我们再来看看火药是如何从整体上走出一片艳阳天的吧。

火药的制作工艺

以上火药配料的提纯需要层层工艺，可想而知，火药的制作工艺更是复杂。要想制作出上好的火药，对每个流程的把控都不可小觑。下面就让我们一起来观摩一下火药是如何制成的。

烟花

第一道工艺： 按规定将原料（硝、硫、木炭）称重，按照"黄金比例"，把它们分别放进石臼和木槽里搅碎，直到它们变成细末为止。

第二道工艺： 把原料（硝、硫、木炭）轻轻放进木臼中搅拌，然后加少许纯净水，当然更好的话，也可以加烧酒，直到它们变成湿泥状才算完毕。稍后呢，毫不客气地用木杵捣碾，直至它们彻底成为将干的混合物时，再给它们点水喝，由此它们也会变得更加细腻，尔后把它们拿出来，让它尽情享受"日光浴"吧。

玩烟花炮竹的陶俑

在捣碎的过程中，严禁沙石入侵进来噢，以免这些家伙遇到了就磕磕碰碰，发生可怕的火灾。

第三道工艺： 要严格把好成品的质检关，即随机抽取部分晒好了的火药样品，把它们放在纸上燃烧，如果它们易燃且纸张完好无缺，那么，它就可以贴上"合格"的标签。反之，如果火药燃烧以后在纸上留下了黑斑白点，或者是你的手心感到有股灼热的痛楚，那么它们就得被pass掉。可是，别心急火燎地就把它给扔了，你可以返工再次捣碎它们，直到它们能够晋级为合格的火药。

第四道工艺： 就像选美大赛要经过海选、复选、终极PK等一样，火药的提炼也需要层层筛选。首先，我们要精挑细选出合格的药块，将它们捣碎成粒状之后，用粗细不同的罗筛分门别类地筛选出大小不一的火药丸子，没有成粒的可以拿来做火门引火药，剩下的细粉末要全部淘汰出局，以保证火药的威力，避免出现安全事故。

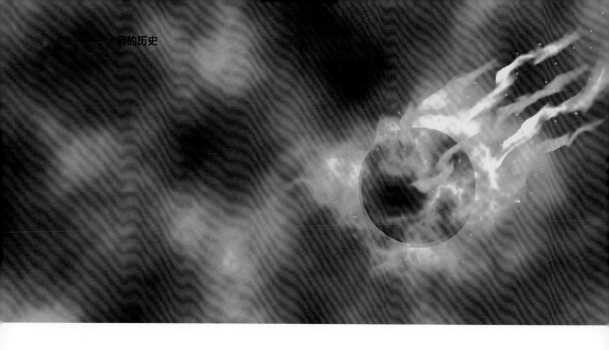

明朝那些传统的火器主角们

综艺节目《快乐大本营》里面的主持人喜欢把自个儿的团队称为"快乐家族"，随着历史的不断演进，火器也被称为"火器家族"。家族中包括已被归类的燃烧火器、爆炸火器、火药箭火器和管形火器四大门派，这四大门派在明代的发展远远超过了宋、元时期。它们在历史的大浪淘沙中激流勇进，不断发展……

燃烧火器

宋、元时期的火球、霹雳火球、引火球、烟球、蒺藜火球等燃烧火器在明朝得到了传承。除此之外，明朝又开拓思维，创制出了几十个新品种，如火弹、火砖等。为了强化其燃烧作用，其形制已经由简单的球形进化到冷热兵器的结合体和若干种燃烧火器的组合。不过，需要坦言的是，从火器发展的总趋势上看，以火药燃烧性能制造的火器在战争舞台上已经退居到次要地位。下面我们就来重点了解一下美名远扬的燃烧火器代表梨花枪。

大家都知道古诗里面形容美人有这么一句"梨花一枝春带雨"。那么，枪以"梨花"命名，是不是也取其美丽温柔之意？非也！因其喷药筒内装有形似梨花的铁蒺藜、碎铁屑而得名"梨花枪"。

有一种梨花枪金人称为"飞火枪"，枪头下装有2尺长的梨花筒，里面装有火药，绑系于长枪前端部分。内含柳炭、铁滓、磁末、硫黄、砒霜等混合药剂，具有燃烧、喷射等作用。一点放，便可达到"一发可远去数丈，人着其药即死"的效果。到了明代，火器工匠们对它进行了改造，枪柄6尺长，末端有铁钻，枪头1尺长，枪头下夹装两支喷射药筒，用引信相连。使用时两个药筒相继点燃喷射火焰。枪头两侧有钩镰状的铁叉，两长刃向上可作锐用，两短刃向下可作镰用，具有烧、刺、叉、钩等作用。

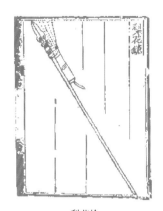

梨花枪

明代梨花枪只有一个铁筒，形状像尖笋，小头口径1厘米，可安引信；大头口径约6厘米，内装毒药，用泥封口。兵士们可以随身携带数个药筒，以方便更换发射。它喷射出的毒焰可达几丈远。而且火药烧完以后，还可以用枪头刺杀敌人。所以它也是一种"全能型火器"，即冷热兵器的结合体。

梨花枪真可称得上"东方不败"了，经过几代都没有衰颓下去。原因在于它制作简单，使用方便，且又有多种杀伤性能。这时期火枪是战斗中主要的轻型武器之一。南宋曾有位武将，名叫李全。他曾靠它威震山东，被公认为"二十年梨花枪，天下无敌手"。明朝又有胡宗宪大将在领兵抗击倭寇的战斗中，拿起梨花枪击杀敌人，所得战果累累。

所以，不要绝对地以"名"取器。梨花本是娇柔纤弱之物，很难跟燃烧、杀伤等词扯上关系。可有些火器也还是可以以"名"取器的，它就是爆炸火器。

胡宗宪（1512~1565年），字汝贞，号梅林，明代南直隶徽州府绩溪（今安徽绩溪）人。戚继光是他一手培养的抗倭名将，历史学家称"没有胡宗宪，就没有戚家军"。他著有《筹海图编》十三卷，书中对浙江沿海的防务、地形、战具、战事的描述相当专业。

爆炸火器

宋、元时期为爆炸火器在明朝的发展打下了坚实的基础，明朝在延续宋、元佳绩的基础上取得了很大的进步，在水器（水雷）、埋器（地雷）、陆器（炸

地雷

弹）等方面都找到了突破口。我们现在首先来看一位
爆炸类火器——"万人敌"。

"万人敌"从名字上已经令人闻风丧胆，万人
敌，可敌万人！事实上它也确实是一款杀伤力极强的
燃烧弹。作为一种大型爆炸武器，它重40千克，外皮
是泥巴做成，诞生于明朝末期，用于守城。为了避免
在搬运中出现安全事故，一般带有木框箱，它可以算
是早期的烧夷弹。

其具体的工艺做法如下：将中空的泥团晾干，
上面留几个"小眼睛"，装进火药、毒火、神火，
将火药压实，安上引信，再用木框框住。敌人攻
城时，点燃引信，然后使出浑身解数将其抛到城
外去，火飞炮炸，杀伤性极大，人称"守城第一
器"。比如，闯王李自成攻开封的时候，曾经通过
地道突入曹门心字楼下方，守军采用投掷万人敌的
办法消灭了突袭的部队。

俗话说"水火不相容"，火器在陆地上大显神通，但在水中它也有这么大的功效吗？结果，还真有那么一类火器是可以上得陆地、下得深水的。接下来让我们看看火箭类火器吧。

火箭类火器

火箭类火器一般可分为单级火箭和多级火箭。单级火箭又可分为单发火箭、多发齐射火箭、多药筒并联火箭等。多发齐射火箭一次性发射几支甚至上百支火箭。多药筒并联火箭就是装有两个或两个以上同时运作的火箭。从发射方式上来分类，它也可分为用弓、弩发射的火药箭和利用火药燃气反冲力推进的火箭两个类别。

火箭类火器中有一种名为"火龙出水"的火器，难道这种火器爆炸后真的如出水长龙般那样壮观？

"火龙出水"是中国古代火箭技术迅猛发展的产物，也是现代火箭的鼻祖。根据明代《武备志》记载，它属于二级火箭。那么，它是怎么制作的呢？将1.67米长的毛竹削好之后做成龙腹式箭筒，前面装木雕龙头，后面装木雕龙尾。内装多支火箭，药线连在一个节点上。龙头两侧分别装一个750g重的火药筒，龙尾亦是如此。将四筒的火药线总合在一个地方。水战时，在离水面1~1.33米的高度，同时点燃龙头和龙尾两侧的火箭，以促使火龙出水飞行，飞行距离可达1~1.5千米，场景就像《西游记》中的龙翔水面一般壮观。当四支腾空火箭的火药烧完时，恰好点着龙腹内火箭的火药线，于是火箭从龙体内"脱口而出"，向进攻对象发起冲击。看描述之后，大伙儿可能都觉得它只适合水战，但是在陆地上作战它同样也不逊色。

接下来再为大家解释它为什么是二级火箭。点

火龙出水

燃龙腹外的火药筒，推动火箭前进飞入敌阵，是第一级；火药筒将烧尽时，火舌通过引信燃烧龙腹内部的火药，火箭从龙口射出命中目标，是第二级。

火器进水都能有这么大威力，实在太神奇了！接下来，我们还要再看看更加神奇的火器——长了"眼睛"的火器。

管形火器

管形火器的发展可谓是引领了明朝火器的发展大潮流。早在宋朝，管形火器就初见雏形。南宋时，有一个叫陈规的人就发明过一种管形火器。这种火器用粗毛竹筒制作，一头开口，内装火药以发"子窠"（即子弹）。这是世界上较早的管形火器。

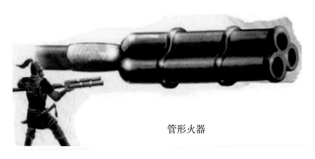

管形火器

那么，什么才可称得上真正的管形火器呢？即用铜或铁作原材料，呈筒状，在筒内放置火药，然后用石子塞住筒的"嘴巴"，在旁边连一根线，用火点燃发射。它还有两个别号，叫"炮"或者"铳"。

我们这里要介绍的是明朝的一种中小型的管形火器——铳，它可分为单管铳、多管铳等。我们着重来看看多管铳。

三眼铳 二郎神为什么有三只眼呢？有人说，是因为二郎神小的时候成绩不好，考试爱作弊，他一只眼睛盯着老师，另一只眼睛盯着书本，还有一只眼睛要盯着同学，久而久之练就成了三只眼。这当然是个小笑话。还有人说，古代的蜀国人的特征就是猪首纵目，脑袋很像猪，耳朵是扇风耳，眼睛是立着的，所以，二郎神中间的眼睛是立着的，他实际上是古代蜀国人的象征。

明朝有种火器叫"三眼铳"，它是不是像杨戬一样，也长了三只眼睛？是也。三眼铳是嘉靖年间（1522~1565年）制造的铁制三管枪，它是由三支单铳绕柄平行箍合而成，三个铳口成"品"字排列，都有突出的外缘。因为从管口部位看上去活像三只眼睛，所以就叫"三眼铳"，它是明军重要的单兵火药武器。它可以连续释放，有利于压制行动迅速的骑兵。何汝宾在《兵录·火攻杂记》中指出，三眼铳适用于北方骑兵。三眼铳每铳可装填两三枚弹丸，当与敌人相距三四十步时，可进行齐射或依次连射，给敌人以

何汝宾，苏州人，山东济宁游击将军，明熹宗天启二年（1622年）任舟山参将，翌年擢为宁绍副总兵。他对军事颇有研究。《兵录》是一部关于论将、选士、编伍、教练、拳法、棍法、阵法、器械、军行、安营、守御、功战、水攻、火攻、医药、天时、地利等军事方面的论著。十四卷，另附图。有明崇祯间刻本传世。

现代管形火器

重大的杀伤。当弹丸射毕后，骑兵还可将其作为闷棍击敌。1987年10月，在辽阳城南6千米的兰家堡子村后出土了两件形制、构造完全相同的铁制三眼铳。

四眼铳 四眼铳也叫四管枪，《明会典·火器》把它叫作四眼铁枪，由兵仗局制于嘉靖二十五年（1546年）。其构造方式与三眼铳相似，铳头由四支手铳管成四棱平行排列，有四道箍箍合，铳内装填火药和弹丸，管眼处有火门，有火线从中通出。铳尾连在一处，其后安一长柄。作战时，由士兵点燃火线，里面的弹丸便可进行连射和齐射。

五眼铳 五眼铳也叫五管枪，它有两种构造方式。《武备志·军资乘·火器图说四·铳二》记载的一种五管枪——"五排枪"由5支手铳以手柄为中轴做对称平行排列。单铳用精铁打造，各重1~1.05千克，长1.33米，内装火药和弹丸，开有火门，既可一次连射5弹，又可5弹齐射。

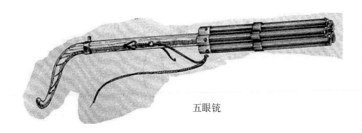

五眼铳

五管枪的另一种构造方式见于河北赤城出土的一批窖藏火器，考古学者称其为"五眼铳"，共有两件。铳的造型为上二下三做两排平行站立，有3道箍箍合。单铳身长46厘米，腰围1.5厘米，体重5.5千克，铳后开有火门，既可连发5弹，又可齐发5弹。

七眼铳 七眼铳又叫七管枪，《明会典·火器》中称"七眼铜炮"，制于嘉靖二十八年（1549年）。《武备志·军资乘·火器图说四·铳一》绘有其图形，铳身由7支铁管平行排列，1支居中，6支绕其周围布置，其外用铁皮包裹，以铁箍3道加固。单管身长

43.3厘米，内装弹丸和火药，后部开有火门，通出火线，其尾处总联一处，合用一根1.67米长的木柄。行军时，将铳身架于车上。射击时，由于管口能高能低，所以活动方便。

十眼铳　十眼铳也叫十管枪，它有两种构造形式：一种是单管分10段各开火门的十眼铳，另一种是10管绕柄平行排列的子母白弹铳和连珠铳。十眼铳由军器局制于嘉靖二十五年（1546年）。管用铜或精铁打造，重7.5千克，身高1.67米。中间是实心的，两头各长66.7厘米为铳筒，每头平分5节，每节长13.3厘米，内装有火药和弹丸，开有火门。作战时，射手先点燃接近铳口的一节火药，将弹丸弹出。尔后一次点燃4节，将弹丸连续射出。射出一头的5发弹丸后，再射出另一头的5发弹丸。这种构造形式的多发铳在世界军事史上是一个绝无仅有的奇迹！

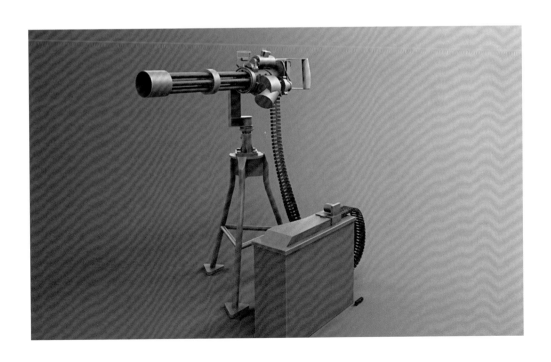

明政府精心打造 "专业火器部队"

战场上的操盘手——神机营

要稳固政权，强大的军事实力是必须具备的。明朝永乐年间（1403~1424年），为加强京军实力，统治者将京军改编为三大营，即五军营、三千营、神机营。

其中神机营肩负着"内卫京师，外备征战"的重任，经常陪同皇帝出征。它也是受朝廷直接指挥的战略机动部队，其日常工作是主管操练火器及随驾护卫马队官兵，主要掌操神铳、神炮等众多火器。神机营装备有盏口铳、碗口铳、将军炮、单铳、神枪、神机箭等火器。到了明正统年间（1436~1449年），明朝将领顾兴祖主掌神机营。他是一个极善创新的将才。如神机营的士兵们被敌军从外包围了，考虑到敌军会攻其不备、出其不意，抑或打仗的天气不适合开枪放炮，没有其他备用兵器怎么办？于是，极善思考的顾兴祖向英宗皇帝建议"每队前后添设刀牌"。英宗答应了这个请求，从这个时候起，神机营也开始储备了刀、牌等冷兵器。

据史料记载，永乐八年（1410年）及以后的几次对漠北的战争中，神机营和五军营、三千营组成了联合部队，陪同朱棣走上了一线战场。他们运用"神机铳居前，马队居后"的作战原则，凭借着火器的优势，大败敌军。神机营晋升成为了疆场上的"操盘手"。

步兵、骑兵配合作战，神机营在战场上的地位越来越显赫，这同时也使得火器的应用走上了专业化道路线。神机营成为明军的一个兵种，为以后车营的形成也打下了坚实的基础。

说到这里，可能有人会问，车营是什么？那接下来我们就来见识一下车营吧。

何为车营

电视剧《射雕英雄传》的歌曲里有这样一句歌词：一马奔腾，射雕引弓，天地都在我心中。古人对于骑射是相当看重的，尤其是在战时。但是在古代，有了马，有了弓箭，当真就能一马平川了吗？很显然，在那个热兵器出现的时代，这个想法是不切实际的。随着火器如雨后春笋般涌现，明朝摒弃以骑克骑的传统态度，以车克骑的思想成了新时尚。

"车营"就是以人力推挽的战车为载体、装备火器的部队，与前面所述的神机营有一脉相传的关系。在某种程度上而言，这种车营具有近现代军队中装甲兵部队的某些特征。

戚继光在防范北部游牧民族中，用于克敌制胜的独家法宝便是其创立的车营。用车载运火器，便于机动作战；车又能屏蔽敌人的矢石、保护火器，从而能

顾兴祖，江都县（今江苏省扬州市）人。顾兴祖继承了祖父顾成的侯爵爵位。明仁宗即位时，恰逢广西叛乱。明仁宗下诏命顾兴祖平定浔州（位于广西桂平）、平乐（广西桂林）、思恩（今广西平果县旧城）等苗族地区，后归降者众多。宣德年间，叛乱再次发生，并围困邱温。当时顾兴祖坐镇南宁却拥兵不援，被朝廷逮捕，次年得释。正统末年，跟从北征，土木堡之变后脱逃，当论死。而因为也先（明代蒙古瓦剌部首领）逼都城，顾兴祖再次出战，并抵御蒙古军于城外。后授都督同知，守备紫荆关（长城的关口之一，位于中国河北省易县城西40千米的紫荆岭上）。景泰三年（1452年），因收受贿赂，被连坐下狱，但最终被释放。后来，因立东宫有功，授伯爵。天顺年间，冉次恢复侯爵身份，镇守南京。

戚继光

戚继光（1528~1588年），安徽定远人，字元敬，号南塘，晚号孟诸，明朝杰出的军事家、书法家、诗人、民族英雄。

充分发挥火器的威力，较好地解决了重型火器机动作战与车、步、骑的配合默契度问题。

戚继光曾组建七座车营，并配以马、步兵，分别驻守在建昌（江西省南城县）、遵化（河北省东北部燕山南麓）等地。其车营的装备有二：其一，战车；其二，佛朗机、鸟铳、火箭等火器。由灵活机动的战车和摧毁力与杀伤力极强的火器而组成的车营是戚继光根据北方广袤辽阔的地形、地势的客观条件以及作战对象是善骑射的蒙古兵这一事实，因地制宜创建的一支专业火器队伍。

孙承宗在其著作《军营百八叩·序》中，一语点破了车营的闪光点，即"用车在用火"。这里的"火"当指火器。孙承宗还详细阐明了火器与战车的关系，指出车营的作用在于火器的使用，火器的使用在于布置叠阵，水、陆、步、骑、舟、车、众、寡等没有一个不是叠阵的。所记载的"火以车习，车以火用"说明了战车与火器的关系是相互依存、相互为用的。"叠阵"是指诸兵种重叠的纵深配置，所以他的"车阵"也就是一种诸兵种成纵深配置的部署。解释得明白一点就是：一方面运用战车防护敌骑兵的冲击；另一方面利用大威力火器的密集射击以及步、骑、炮兵的协同作战，给予敌骑兵以杀伤。

孙承宗（1563~1638年），字稚绳，号恺阳，北直隶保定高阳（今属河北）人。青年时代他就对军事非常感兴趣，"杖剑游塞下，从飞狐（河北涞源北飞狐关）、拒马间直走白登（山西大同东）"。天启帝以孙承宗为兵部尚书兼东阁大学士。他上任后，上疏条陈当时军事体制与作战指挥上的弊端，谋求改革，主要内容有：（1）"兵多不练，饷多不核。"这是说当时军队训练差，后勤供应混乱。（2）"以将用兵，而以文官招练；以将临阵，而以文官指发；以武略边，而且增置文官于幕府。"这指出当时"以文制武"指挥策略的失误。（3）"以边任经、抚，而日问战守于朝。"这指出"将从中御"的不妥。他留下的军事著作有《车营叩答合编》，这是概括他经营辽西防务时筹划反攻辽东与其属下讨论军事问题的记录整理而成的。

五军营：成祖北迁后，增为72卫。永乐八年（1410年）始分步、骑军为中军，左右掖，左右哨，称为五军。除在京卫所外，每年又分调中都、山东、河南、大宁各都司兵16万人，轮番到京师操练，称为班军。

三千营：以塞外降丁三千骑兵组成。嘉靖中改名神枢营。之所以叫三千营，是因为组建此营时，是以三千蒙古骑兵为骨干的，当然后来随着部队的发展，实际人数不止三千人。三千营与五军营不同，它下属全部都是骑兵。这支骑兵部队人数虽然不多，却是朱棣手下最为强悍的骑兵力量，在战争中主要担任突击的角色。

火绳枪、佛朗机、红夷大炮亮相中华

所谓"他山之石，可以攻玉"，明朝的统治者对外来的事物还是抱着一种谦恭学习的态度。当我国发明的火药和火器在欧洲风靡一时的时候，欧洲也竞相研制各种新式火器。比如，他们于15世纪制成了火绳枪。随着欧洲列强不断侵犯我国沿海地区，他们又纷纷把火绳枪、佛朗机、红夷大炮等火器以战利品的形式传入明朝，当然，这其中也不乏是因为关系友好而赠送的。

火绳枪的传入与发展

火绳枪难道是指它长得像火绳吗？其实不然。它长得像在蓝天上飞翔的小鸟，因为它的弯形枪托形似鸟喙，所以又有个外号叫"鸟铳"。关于火绳枪的来历有三个说法，有说是我国自己发明的，有说是从日本引进的，还有说是从西洋传入的。那么，火绳枪到底从何而来？我们先留一个小悬念。

暂时转移注意力来看一下明朝火器天才——赵士祯是怎样在火绳枪研发上一展身手的吧。

赵士祯与火绳枪擦出了火花

罗姆苏丹国向明廷进贡的火绳枪激发了赵士祯研制火绳枪的想法。他生长在海边，年少的时候经历过倭患，所以他自然而然想到，增强国防力量、改善武器装备是一个想要强大的国家必须做到的。因此，他发誓要研制出精良的火器装备，以保家卫国。

万历二十五年（1597年），他给皇帝呈上了《用兵八害》的条陈，建议制造鲁密国进贡的火绳枪，经兵部议，交京营（明代京军编制）尝试去制造。赵世祯担心京营不给力，于是就登门求教土耳其火器专家朵思麻，详细了解制造及使用方法，并自个儿掏腰包（赵世祯时任七品衔的中书舍人）召集工匠进行试制。功夫不负有心人，他终于在万历二十六年（1598年）创制了比鸟铳射程更远的火器，并称之为"鲁密铳"。

鲁密铳的体重超过了之前的鸟铳，却丝毫不影响它的性能，其射程可达150米左右，威力大大超过鸟铳。这种铳不仅重量增加了，而且变长了，它的枪管长150厘米，在结构上更优于鸟铳。鲁密铳的扳机和机轨分别由钢片和铜片制成，只有铜钱般厚。龙头（火绳夹）和机轨都安在枪把上面，并在发机处旁边安装一个长3厘米多的小钢片，以增加弹性，使龙头式枪机能够捏之则落，发射完之后又能自行弹起。此外铳尾还装有钢刃，可倒转作斩马刀用。《武备志》中说，鸟铳，唯鲁密铳最远、最毒。

赵士祯不仅研制出了"鲁密铳"，同时还研制出当时最新式的火器"掣电铳"和"迅雷铳"，前者汲取了西洋铳和佛朗机的优点，后者具有鸟铳和三眼铳的过人之处。万历三十年（1602年），赵士祯研制的火器通过了兵部、工部、刑部等部门官员的鉴定。

综上所述，我们不得不承认赵士祯是火器研究方面的高手。上面我们已经提到过，掣电铳学了佛朗机的过人之处，那么，佛朗机究竟是何方神圣呢？

赵士祯（1554~约1611）字常吉，号后湖，浙江乐清人。万历六年（1578），赵士祯因善书法授鸿胪寺主簿。1596年升中书舍人。他精研火器，曾师从土耳其火器专家朵思麻。赵士祯博采中外火铳之长，造成掣电铳、迅雷铳等4种火铳，将其呈送朝廷，受到嘉奖。后来他又将连发5弹的迅雷铳改造成连发18弹的战酣连发，并创制鹰扬炮。发射速率和命中率是他最看重的，对子弹运动的基本要点也有一定的研究。

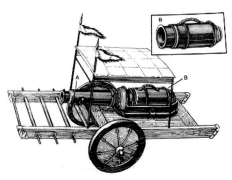

佛朗机火炮

佛朗机的传入和发展

佛朗机，中国明代中期火炮，由葡萄牙人传入中国，因明代称葡萄牙为佛朗机而得名。嘉靖三年（1524年），明朝政府根据战争中收缴到的佛朗机，

历尽千辛万苦成功仿制了第一批佛朗机，总计32门。每门的重量在150千克左右，母铳身高95厘米，带有4个子铳，因为这样一个建构模式，故有外号"子母炮"。佛朗机的制造很讲究科学性，它还安装了瞄准具，增大了射程，提高了精度。虽然佛朗机的确是当时世界上较尖端的武器设备，但正所谓再优秀的人也会有软肋，佛朗机的软肋便是：子炮与炮腹间缝隙大，使产生的气体容易泄漏，因此不具备红夷大炮的远射程。

之后，明廷又加大力度，陆续仿制出大小、型号不一的各式佛朗机，用来装备军队。佛朗机与中国传统的火炮相比，在结构上有转型。佛朗机是一种铁制后装滑膛炮，炮管、炮腹、子炮组成了佛朗机。开炮时，先将子铳放在母铳后膛的敞口中，一门母铳配备有5～9门子铳，子铳可预先装填好弹药，交战时轮流填放，这可以提高火炮的发射速度和可靠性。铳身中部加铸耳轴，可使火铳固定在炮架上，同时便于调整射击角度，提高了火炮的命中率，扩大了射击半径。制造佛朗机的工匠们不再使用散弹，而是使用与口径吻合的圆铅弹，他们把圆铅弹铸制得很周正，减少了它与铳膛的间隙，提高了弹丸的初速和冲击力。

据文献记载和各地出土的上百件佛郎机实物印证，仅嘉靖年间，兵仗局、军器局和边关驻军就制造了十多种佛郎机，如大样佛郎机、中样佛郎机、小样佛郎机、骑兵佛郎机、佛郎机式流星炮、百出佛郎机、万胜佛郎机、连珠佛郎机、无敌大将军炮、钢发贯等，总数达三四万门之多，分别用作舰炮、城防炮、战车炮、野战炮、步兵枪、骑兵枪，成为明军战场上的得力助手。

明军以这些佛郎机为基础，创建了新型的水兵营和由车炮营、骑兵营、步兵营、辎重营组成的合成军，并建立了长城的火炮防御体系。

佛郎机的广泛使用使得万历三大战争中的抗日援朝取得了很明显的优势。平壤之战前，明朝名将李如松提前安排人装好了子母炮弹到平壤城下，然后以反偷袭的手段杀得日军措手不及。平壤易守难攻，于是日军不战。此时李如松拿出早就准备好的佛郎机，大战一场，将日军赶出了平壤。

不仅如此，红夷大炮在明廷与建州女真的战争中也发挥了巨大作用。

李如松

李如松（1549～1598年），辽东铁岭卫人，辽东总兵李成梁之长子。他继承了其父的优良品质，成为了骁勇善战的大英雄。指挥过万历二十年（1592年）的抗倭援朝战争，之后出任辽东总兵，后在与蒙古部落的交战中阵亡。死后，朝廷追赠少保宁远伯，立祠谥忠烈。

女真，又名女贞和女直，亦作女真族。中国古代生活于东北地区的古老民族，6~7世纪称"黑水靺鞨"，9世纪起更名女真。直至17世纪初建州女真满洲部逐渐强大，其首领努尔哈赤建立后金政权，至其子皇太极时期已基本统一女真各部，下旨改女真族号为满洲，女真一词就此罢用。后来满洲人又融纳了蒙古、汉、朝鲜等民族，逐渐形成了今天的满族。

红夷大炮的引进和应用

16世纪末至17世纪初，东北建州（女真聚居地设置的三个地方军事行政机构建州卫、建州左卫、建州右卫的合称）女真族崛起，与明廷形成了相互对峙的局面。所谓"一山容不下二虎"，于是乎，有远见卓识的徐光启奏请朝廷设防守国，以抵御后金的进攻。但由于朝廷贼臣乱党的阻挠，他联络李之藻、孙学诗

徐光启，出生于贫寒家庭，万历三十二年（1604年）考中进士。他精通天文、历算，习火器。入天主教，与意大利人利玛窦研讨学问。著有《农政全书》《崇祯历书》等。他坚信"读万卷书，行万里路"，写作和翻译了不少著作。在这种学习和与外国人交往的过程中，他也有意联络到了一批有报国之志的明廷官员与火器研制者，逐渐形成了一个以他为中坚力量的、学习和传播欧洲火器技术的群体。

等人，自个儿掏腰包，向澳门葡萄牙当局购买了4门洋炮。而后，明廷也出资购买了22门，并把它们运送到了都城北京。在解送北京前，两广总督胡应台派人在炮身上刻上"天启二年总督两广军门胡题解红夷铁铳二十二门"之字。胡应台在炮身刻"红夷铁铳"之字是因为当初他们认为所购之炮为荷兰人所造，而当时称仍盘踞在台湾的荷兰人为红夷，故将此炮命名为"红夷大炮"。"红夷大炮"到清朝被改名为"红衣大炮"。

由于该火器的技术性能远胜于中国的传统火炮，在当时的国内外战争中得到了大规模的运用。其装备的数量、在攻坚中被重视的程度以及火器的操纵理论与技术越来越使它成为战场上一决雌雄的"超级神器"。同时，加上基督教士来华宣传天主教，也把火炮技术的传入作为引子。这些都促进了红夷大炮在中国的传播。

天启六年（1626年）正月，努尔哈赤知道明廷罢免了大将孙承宗，并且明军匆匆忙忙撤回了关内，于是率领13万大军，浩浩荡荡西渡辽河，企图攻克宁远城（现辽宁省兴城市内）。

此时，刚好是袁崇焕镇守宁远城，他未雨绸缪在城墙四周安放了12门大炮，并派重兵把守东西南北4个大门。三天的激战后，金军在红夷大炮、中小型火炮及其他神威火器的射击下，死伤无数，努尔哈赤被迫撤军。

天启七年（1627年），努尔哈赤的儿子——皇太极想一雪父亲之耻辱，又率军攻打宁远、锦州，结果再一次落败。

在这两次战斗中，明军大炮立下了汗马功劳，于是一门大炮被封为"安国全军平辽靖虏大将军"。明廷也给会用大炮打仗的大将——袁崇焕等人加官晋爵。据徐光启透露，受封之炮是他们首批购买的4门红夷大炮之一。

红夷大炮在宁远和锦州大捷中起到了重大作用。故而明廷更加重视向外国购买大炮并大力训练炮手。

山河破碎风飘絮
清军败退无人诉

满族人好武尚兵，号称"马背上得天下"，这样一朝的统治者当然深知火器的威力所在，重视火器的发展。那么，在清代火器究竟取得了怎样的成就呢？

中国火药对世界的贡献不仅体现在它改变了现代世界的格局，还体现在它影响了人类的生活。明末清初，对中国火药来说，算是一个转折点。在此之后，最早发明火药的中国虽然在民用烟火的道路上一承前朝的绚烂，在军用火器的道路上却被西方远远甩在了身后。

明朝末期，中国从西方引进了红夷大炮，到了清朝被改名为"红衣大炮"。这种炮在清朝一直都在造，名字越来越好听，有"神威大将军""神武大将军"等；重量越来越重，有八千斤炮和一万斤炮。可是，火炮的性能却一代不如一代。

西合璧的火药原料加工工艺

火药的威力主要取决于火药成分的配比。为了达到"黄金"比率，清朝前期对硝和硫的提炼、木炭的焙制与火药的拌和有多种改进。火药专家丁拱辰就提出了两种火药加工工艺。

自家的加工工艺

清朝火炮研制专家丁拱辰提到的其中一种方法就是自家祖传秘籍——适用于广东沿海地区的加工工艺。首先，把硝进行溶解；其次，加入淡水、白糖、萝卜，再煎煮，目的是去除盐分、泥沙，净化硝液，提取纯硝结晶。再用茶油和牛油煎硫，待其冷却后除掉渣滓，取中间的纯硫。然后，将去了皮的麻秆的中间段烧成炭。切记：再准备硝粉38.25千克、麻秆粉6千克、硫粉6千克、葫芦壳炭0.25千克、上好的梅片粉和公犀牛角粉0.0625千克、汾酒10千克，将其放入臼中均

匀拌和。这要求制火药的人必须是"大力士",因为
这锅"神汤"要反复捣弄上千上万次,50千克火药才
能研制成功。最后,再把它筛成细小的颗粒,把少量
的样品放在手上燃试,如果不能烧到手,那么这火药
就是"牛掰"的上品,可以为火绳枪所用。

丁拱辰

仿效西方的加工工艺

　　丁拱辰提出的另外一种加工工艺是对西方的效仿。
这种工艺对于原材料的选择和第一种有着异曲同工之
妙。其配制火药的工艺如下:用37.5千克纯净硝粉,5
千克硫黄粉,7.5千克杉木炭粉,其最佳配比率是75%、
10%、15%,然后用适量的纯净水和烧酒,一起倒入臼
中均匀捣弄,也要使出九牛二虎之力,捣弄上万次才
能制成50千克的火药成品,再用上述同样的方法进行试
验,若质量过关,则可以用作火绳枪的发射火药。

火药缸

　　丁拱辰(1800~1875年),
晋江(福建)人,清朝名气响当
当的火炮研制专家。幼年聪明好
学,喜欢制造各种器具。道光
十一年(1831年)出国,道光
二十年(1840年)归国,成为
早期的"海归"。当时正值鸦片
战争,他暂居广州,潜心钻研
火炮,反复进行火炮射击试验,
后经过整理,做成专辑《演炮图
说》,由此他得到了朝廷六品军
功顶戴的赏赐。该书谈及了火药
的加工工艺、火药配方、火药配
制工艺、火炮铸造、炮台的构
造,以及运炮器械滑车绞架的制
造和使用等。后被魏源收入《海
国图志》中。

揭开清朝火器的神秘面纱

自1840年英国用坚船利炮打开中国的大门，中国进入了近半个世纪的民族屈辱史。魏源认为中国的武器不如洋人的先进，提倡"师夷长技以制夷"。那么中国的火器是否真的如此不堪一击？其实，清朝在火药的发展上还是有所突破的。

火炮

子母炮是一子一母配对的炮

子母炮是不是一个大炮带着一个小炮的样子呢？正如名字所言，它确实是一组"亲情牌"火炮。它是清代仿照佛朗机制造的一种铁炮。后腹开口以纳子炮，身管隆起五道箍，前后装准星、照门。它的组合方式是每门母炮配5枚子炮，发射时点燃子炮，弹丸便从母炮中飞出来。实物有康熙年间制造的"子母炮"，由故宫博物院收藏，铁铸，母炮口径 3.2厘米，全长1.84米，重47.5千克，底雕莲花纹，通髹以漆，配子炮 5枚，还专门备有驮在马背上的炮鞍，利于行军涉险。

故宫博物院收藏的康熙二十四年（1685年）制造的"奇炮"，铁铸，口径 2.7厘米，炮管长 1.8米，重15千克，亦属于子母炮型，但形制有所改进：装填方式类似今日的双筒猎枪，炮管后接木柄，可上下开合，子炮直接从母炮膛底推入，而不是从母炮盖面开孔纳入，由木柄起闭锁作用；点火方式改用火绳枪机，点火快速、准确。奇炮较子母炮更加轻便灵活，有利于炮兵的机动作战。

子母炮

据《清朝文献通考·兵十六》记载，戴梓发明"连珠火铳"后，康熙帝龙颜大悦，遂命戴梓研制子母炮，亦称"冲天炮"。戴梓经过一段时间的钻研，很快就将子母炮研制成功。康熙帝亲自率诸臣去试炮，炮弹射出后，片片碎裂，锐不可当。康熙帝龙颜大悦，将子母炮命名为"威远将军"，并将其命名为"戴梓牌"火炮，把戴梓的名字铭刻在炮身上。另据记载，康熙帝率军两次亲征噶尔丹时，就带上了子母炮，在昭莫多战役中，子母炮大显神威，仅向噶尔丹大营开了三炮，故军就闻风丧胆。

红衣大炮真的是穿着红色衣服

为什么取名为"红衣大炮"呢？难道真的是因为它身着一身红色衣裳？关于此名称的来历，难知真伪，以下有几种流传的说法。

说法一：红衣是老百姓的误称，应该是红夷。明朝人把葡萄牙、西班牙的商人称作"红夷"，这些商人贩运来的大炮就叫"红夷大炮"，老百姓误称为"红衣大炮"。到清代，官方也干脆称作"红衣大炮"了。

说法二：红夷大炮是明代后期传入中国的，也称为红衣大炮。所谓红夷者，荷兰人也。因此很多人认为红夷大炮是从荷兰进口的，其实当时明朝将所有从西方进口的前装滑膛加农炮都称为红夷大炮，明朝官员往往在这些巨炮上盖以红布，所以讹传为"红衣"。

说法三：在那个时候大炮是一种秘密武器，通常都是隐藏起来的，隐藏的方法就是用红布遮盖起来，所以叫红衣大炮。

说法四：明朝称葡萄牙人和西班牙人为红夷，清廷厌恶"夷"这个称号，改夷为衣。

在清朝，红衣大炮用铁制成。这种炮身管较长，口径较大，前细后丰，炮身铸有多道固箍，滑膛，中部有炮耳，炮口和炮尾分别装有准星和照门；装药量大，可装火药达1.3~3.9千克；并且炮弹是个"大胖子"，体重达750~2500千克；身高也不赖，在2.2~5米。难能可贵的是这个胖子很中用：射程远，威力大。

枪械

康熙御用枪

康熙在位时，命令内务府招聘技艺精湛的匠师投身枪的设计，然后，他们把设计图进呈御览，由皇

老式步枪

帝来决定它的款式。它的制造工艺十分精细，造型新潮别致，枪口雕篆有各种美丽的花纹，枪托也是由一些名贵材料打造而成，如金银、玉石、象牙、犀角、珊瑚等奇珍异宝。所以，此枪生来就带着一种"贵族气"，并且有的枪管被制成龙的形状，以显示它高贵不凡的气质。其制品主要有御制的自来火大枪、自来火二号枪、自来火小枪等三种燧发枪和禽枪、小禽枪等。它们的作用仅限于皇帝外出打猎与护身。故宫博物院保存有自来火二号枪与禽枪。

直槽式线膛枪

故宫博物院内藏有一支直槽式线膛枪。枪托上刻着一些说明文字，其下装有叉架。全长150厘米，枪管口径1.67厘米，长106.7厘米。枪管的前端安装有照门，镀有金"喜"字。枪膛内刻有直槽，主要是为了减少铅丸和膛壁之间的摩擦，从而有利于从枪口装弹丸，在发射后便于清理残余的火药渣滓。为了避免在发射时从直槽内向外泄露火药气体，给弹丸穿上了一件松软的织物。

火枪与弓矢、火炮同列为清朝军队装备的三大武器，为历朝清帝所重视。众所周知，明朝火器的发展是符合时代进步的，但是有的人喜欢走极端，肯定了明朝，那么否定清朝便在所难免。于是开始普遍流行这样一种观点，清军凭借弓、马入关，所以在以骑射为本的国策之下对火器不思进取，导致中国近代屈辱的历史屡次出现，于是清廷再一次成为万众唾骂的对象，满族人也再次成为千古罪人，但是事实果真如此吗？

清军在同明军的不断征战中，虽然知晓了火器的重要性，但是对于导致明军屡屡丧师失地的车战战术自然是不屑一顾，而是根据自己骑兵队伍的优势，创造了全新的火器战法。清军的火器战术称为"九进十连环"。火器不是花瓶，在使用中才能体现它的价值。清朝火器在战场上究竟发挥了怎样的作用？

器成了清军的得力助手

野战中使用火器

明军输在火器使用战略上

早在天聪五年（1631年），后金制造火炮成功。从这时候起，凡遇行军，后金兵必携红夷大炮作战。清军入关后，火器被大量运用于野战中。顺治元年（1644年）12月，李自成屡战屡败，于是紧急向西边撤退。拥有大量红衣大炮的清军步步紧逼，偷袭李自成的部队。为什么明军会在野战中输给清朝？这其实很大程度上归咎于火器的使用战略上。

明朝的军力主要体现在车阵上，车阵中除了炮兵，还有步兵和骑兵的配合，如此才能在野战中发挥功效，相互保护，相互协同，但这需要训练有素才

清军手持火器图

行。如果一味"火器齐射"，肯定要惨败的。

而后金骑兵一般分为两队，一队为死兵，穿上重甲在前突击，基本上是找打，所以称为"死兵"。后队为轻骑兵，是作战的主力，冲锋的时候跟在死兵后面，拉开一段距离，当明朝火炮、火枪放完第一次以后，轻骑兵加速冲锋，在明军第二次装药的时间里冲到其战阵里，如此可以破简单的火器部队。

在机关枪没有发明的年月里，火炮部队、火枪兵以及配有火器的骑兵是很难单独抵挡大规模的骑兵冲锋的。

在明朝，炮车一般有三门火炮，一大两小，而且是后填装速射炮——"佛朗机"，每次发射时间间隔很短，一分钟内能发射5~9次，速度奇快，这样的速度能阻击骑兵的冲锋。但是弹药消耗量很大，明朝有好几支车阵部队在与后金的作战中被全歼都是因为弹药消耗光了，但后金也付出了比明军更多的死伤代价。若明军装备和训练都有如此的水平，那后金早就

红衣大炮

趴下了。

在少量敌军来袭的时候，训练有素的明军可以通过对火箭、铳、骑兵的交替使用保护炮车，可以节约弹药。而当敌军主力来袭时则可催动"佛朗机"密集发射，以大量杀伤敌军。明朝这种战术是戚继光发明的，所以在北镇练兵以后，蒙古人几乎被打得抬不起头。

红衣大炮本身不适合野外作战对付骑兵，但若辅以佛朗机和火枪、骑兵进行交替保护，那将是当时世界上少有的强悍战阵。若再加上"白杆兵"这种长枪为主的兵种，对付骑兵只会更强。可惜明朝却采用了最耗费人力、物力、财力的方式，以被动的战略去对付机动性很强的后金军，狂修城堡，搞"凭坚城，用大炮"，导致明军野战能力下降到了可悲的地步，最后连一座座城池也成了"马其诺防线"。

如此空耗了国家的财力以后，明朝在小冰河期最严酷的年月里再也没有挣扎的机会了，几个边镇连军粮筹集都困难，根本没有可能去操办军械进行训练。

守城战役使用火器

火炮坚守城池

为了加强防守，清朝政府在重要的城池上都安装了大小火炮。例如，北京城内城九门，外城永定、东便共安装了大小铜铁炮接近2000门。清朝政府主要依靠火器攻取或防守城池。

崇德四年（1639年），清军围攻明朝松山城。皇太极登上松山南冈，视察城垣后，命令部将们将红衣大炮安放在攻城右面，布局为"攻城门用红衣大炮九个，东南角

广州城门

用红衣大炮两个，城隅的正中央放红衣大炮一个"。清军鸣炮达旦，昼夜袭击，经过半年多的激战，终于攻下了松山城。

顺治二年（1645年），多铎率军水陆并进，围攻扬州城。扬州城守将史可法率军2万据城抵抗，以火炮袭击清军，伤城外军数百。针对这种尴尬局面，多铎也集中大量火炮，专攻城西北角，一时弹如雨下，炸声如雷，坚守了七昼夜的扬州城遂被攻下。

开辟荆榛逐荷夷，十年始克复先基。田横尚有三千客，茹苦间关不忍离。

这首诗名叫《复台》，正是民族英雄郑成功在收复台湾后的慨叹之作。诗作高度概括其起兵以来的艰难历程，抒发了自己与将士们同舟共济、生死相依的战斗情谊。

郑成功（1624～1662年），原名为森，字明俨，号大木，是我国明末清初著名的民族英雄。在驱荷战争中，尤为重视建立水师和装备新进的枪炮。为此，我们需好好看看他在台湾水战中使出的独家武器。

顺治七年（1650年）2月，清军攻打广州城。坚守广州城的是明总督杜永和守将范承恩。他们在广州城外密列炮台，并掘三道壕沟沟通海潮。由于明军严密布阵，清军久攻不下。

水战中使用火器

郑成功台湾水战的独家火器

顺治八年（1651年），清政府因袭明制，于沿江沿海各省陆续建立水师部队。这些水师部队装备了大量火器。例如，广州水师一只缯船，装备生铁炮7门，砂炮5门，斑鸠炮4门，琵琶炮7门，封口700个，黑铅20千克，火药55千克等。民族英雄郑成功在收复台湾时，也在火器上做足了工夫。

郑成功要收复台湾，需渡海作战，背水攻坚，为此他进行了充分周密的作战准备。除了运用各种侦察手段不断了解敌情和多方筹备粮饷外，郑军还把准备

郑成功收复台湾

郑成功雕像

的重点放在练兵、造船上。

为了提高渡海作战的能力，郑成功十分重视水军建设，拥有一支实力强大的水军。为了收复台湾，郑成功按照作战任务和大中小相结合的原则，配套建造战船，计有大烦船、水舶船、犁缯船、沙船、鸟尾船、乌龙船、铳船、快哨船等8种。大烦船和水舶船是参照福船和西洋夹板船的样式制造的，阔2寻［（古长度单位，八尺（2.67米）为一寻）］，高八九寻，吃水4米，船上施楼橹，以铁叶包裹，外挂革帘。中凿风门，以施炮弩，其旁设一水轮，踏轮前进，不怕风浪。犁缯船和沙船吃水2.33~2.67米。以上4种战船都高大坚固，大烦船、水舶船各容兵500名，犁缯船、沙船各容兵100名，每船都装有远射程火炮，航行性能和战斗性能均较好，是水军的主力战船。鸟尾船、乌龙船和铳船吃水2~2.33米，容兵五六十名，用于近海作战。快哨船吃水浅，左右两舷设桨16支，速度快，机动性好，宜于侦察、通信；在登陆作战时，则用于登陆兵换乘，实施突击登陆。战船的武器有大烦炮、灵烦炮，均为铜制，安装在船首；连环烦、百子炮在船的两舷中部，这些都是重武器。轻武器则有神机铳、千花铳、百子花钎铳、鸟枪、鹿铳、连珠火箭、喷筒、火罐、倭刀、云南大刀、不空归木棍等。

郑成功水军的指挥通信工具原为金鼓，后因士兵载头盔掩耳，穿铁甲行动有声，往往听不清音响信号，便改用旗、灯、炮和火箭，如进兵悬红高招旗，退兵悬白高招旗，泊碇发大烦1发、火箭3支等。

郑成功生长在海上，深知战船、武器是海上作战取胜的主要条件。起兵时，只有16艘战船。经过十几年的建造，郑成功水军已拥有相当多数量的战船。为了收复台湾，郑成功更是注意修造舰船，加强水军。当地人民听说要收复台湾，也纷纷前来献船、献料、献工，赶造战船。只用了两个月时间，就修造战船300余艘，加上原有船只，基本上满足了渡海作战的需要。

福建厦门鼓浪屿郑成功石雕

圆明园

看《火烧圆明园》等历史电影时，总是能看到清军使用冷兵器与外国军队强大的火器相对抗，当然结果是一败涂地。小时候一直以为当时的清军没有配备火器，直到长大才了解，清军早就有火器营，装备了火枪等枪械。而且道光皇帝本人就是一名神枪手，他在当阿哥的时候曾凭借精准的枪法，解了农民起义对皇宫的围攻。

既然有火器，为什么不大量装备军队，还要让军队使用落后的冷兵器，导致战争的失败呢？事实上，清军也曾努力经营过自己的火器部队，但是与国外的军队相比还是有些"自惭形秽"。但无可否认的是，清军在火器研制和部队编制上，很重视武器的发展与应用。

火器与清军之间不得不说的故事

八旗的专业火器部队

弯弓射箭的清朝士兵是经制兵，为努尔哈赤所创，起自兵民结合、军政结合、耕战结合的八旗制

八旗

度。旗是满洲军制名，明万历二十九年（1601年）努尔哈赤在牛录制的基础上创建了八旗制度。牛录是女真在氏族、部落阶段出师、狩猎当中形成的组织形式。原来每牛录10人，万历二十九年（1601年）扩为300人，设立四固山，固山就是旗。每旗含5甲喇，每甲喇为5牛录，分别使用黄、白、红、蓝4种旗子，因而是四旗。万历四十三年（1615年）扩为八旗，即在原来的黄、白、红、蓝四旗的基础上增加镶黄、镶白、镶红、镶蓝四旗。旗主由努尔哈赤的子侄充当。皇太极时期又扩为二十四旗，即加上蒙古八旗和汉军八旗。二十四旗中起核心作用的还是满洲八旗。八旗每旗指挥人员设都统（固山额真）1人、副都统（梅勒额真）2人、参领（甲喇额真）5人。牛录的统领是佐领（牛录额真），佐领居参领之

清代古炮

下。二十四旗在习惯上还是称八旗。
八旗在开国时期有亲军营、护军营、
前锋营、骁骑营、步兵营5个兵种，
入关后又增加圆明园护军营、火器
营、键锐营和神机营。

　　八旗兵擅长骑射，装备主要有
战马、云梯、大刀、盔甲、弓箭、
配刀、藤牌、鹿角、鸟枪、红衣大炮

淮军公所

等。蒙、满八旗善骑射，平旷作战是他们所长；汉军
八旗善火器，围城攻坚和水上作战是他们所长。

清朝湘军与淮军的火力装备

　　湘军起于团练、乡勇，是咸丰时由曾国藩创建的
军阀武装，后来成为清朝正规军，镇压了太平天国起
义，后在甲午战争中为日军摧毁。曾国藩于咸丰二年
（1851年）受咸丰帝之命以罗泽南、王鑫团兵为基础
组织地方武装——团练，开始叫湘勇，后来称湘军。
他用戚继光和嘉庆时浙江人傅鼎之法训练。咸丰三年
（1852年）春，曾国藩增募3000兵，并派罗泽南率兵
赴南昌救受太平军围困的江忠源。鉴于太平军有强大
水师，除陆师外，曾国藩又在咸丰四年（1853年）建
立了水师，船240多艘，水勇5000人。湘军实行募兵
制，在选将、招募、教育、编制、训练、武器、饷源
上与绿营兵不同（绿营兵为多尔衮所创）。选将、募
勇原则如下：将有治军之才，不怕苦，不怕死，不汲
汲于名利；士兵要朴实，并有全家担保。将士之间实
行家长制：兵为将有，士兵服从营官，营官服从将
领，将领服从曾国藩。湘军陆师13营，每营500人，下
设4哨，1哨有1~8队，1队10人。陆师共有5000余人。
水师10营，每营开始440人，船21艘，后来500人，船

30艘；1营30哨，每船1哨。马军1营，分5哨，每哨5棚，1营250人。水、陆、师指挥员加上战斗员，再加上水手、丁役等，全军共17000人。攻打天京时总兵力达到12万人。湘军装备为刀、矛、抬枪、劈山炮、小炮、鸟枪、船（长龙、舢板、快蟹）、马匹等。

火器的操演和在战场上的运用

清军的火器战术

清代八旗火器部队和绿营各营操演火器，各个时期都是不一样的。其有关规章制度常常有变化。一般来说，操演的形式有分操、合操、大操、大阅等；操演的阵势有九进连环阵势、枚花车炮阵势、连环马枪阵势等；专习者有大炮、鸟枪、弓矢、藤牌等，兼习者为大刀、长枪等，水师有火箭、火罐、铁弹、钩镰等。

据史籍记载，八旗汉军火器部队每三年由鸟枪营和炮营到卢沟桥合演枪炮。《清史稿》记载，十九年（1680年），定每年演放红衣大炮之期。二十八年（1689年），定演炮之制。每年九月朔，八旗各运大炮十位至卢沟桥西，设枪营、炮营各一，都统率参领、佐领、散秩官、骁骑炮手咸往。工部修炮车，治火药。日演百出，及进步连环枪炮。越十日开操。太常寺奏简都统承祭，兵部奏简兵部大臣验操。各旗演炮十出，记中的之数。即于炮场合队操演，严鼓而进，鸣金而止，枪炮均演九进十连环，鸣螺收阵还营。三十年（1691年），定春操之制。每旗出炮十位，火器营兵千五百

八旗少年在野外训练

名。汉军每旗出炮十位，鸟枪兵千五百名。每佐领下之护军鸟枪兵、护军骁骑，每参领下之散秩官、骁骑校，及前锋参领、护军参领、侍卫等，更番以从。既成列，演放鸟枪，鸣螺进兵，至所指处，分兵殿后而归。五十年（1711年），定火器营合操阵式。八旗炮兵、鸟枪兵，护军骁骑，分立十六营。中列镶黄、正黄二旗，次六旗，按左右翼列队，将台在中，两翼各建令纛为表。每旗鸟枪护军在前，次炮兵，次鸟枪兵，次骁骑。台下鸣海螺者三，以次整械结队出营。施号枪三，台下及阵内海螺递鸣，乃开阵演枪炮九次至十次，炮与鸟枪连环无间。实战中，每旗鸟枪护军在前，次炮兵，次鸟枪兵，次骁骑。枪炮相互配合保持火力持续不断。

另有一种称为"百人哨"的阵势，起于道光年间，又称"鸟枪三叠阵"，是由明末清初的阵法演变而来。阵中共100人，第一叠20人使用10把抬枪（一种大型鸟枪，需两人操作，射程和威力大于单兵使用的兵丁鸟枪）；第二叠30人使用鸟枪30支，阻击百步以外的敌人；第三叠使用刀、矛、弓箭等冷兵器，用于护卫、冲杀及近程阻敌。

火器斗志昂扬上战场

平噶尔丹的乌兰布通之战

康熙二十七年（1688年），厄鲁特蒙古准噶尔部酋长噶尔丹在沙俄策动下，率10万骑兵，击败喀尔喀蒙古土谢图汗部、车臣汗部、札萨克汗部。

1690年，喀尔喀蒙古三汗部撤退到内蒙古，噶尔丹以追出喀尔喀部为名，沿克鲁伦

持枪的清军

现在的噶尔丹

河东进，越过呼伦贝尔草原，沿喀尔喀河入侵大清。6月10日，进抵今日蒙边界乌尔扎会河。康熙闻讯后，组织兵力，亲征噶尔丹，率抚远大将军裕亲王福全为其左路军出古北口，命安北大将军常宁为右翼军出喜峰口。7月，噶尔丹进至锡林郭勒盟乌珠穆沁旗一带，与清军常宁部接战，清军首战失利。噶尔丹乘胜长驱直入，南下到克什克腾旗乌兰布通峰下，清廷震惊。

康熙积极调整战役部署，命康亲王杰书在归化（今呼和浩特）设防，截断噶尔丹返回新疆的退路；命索额图等率兵驻守巴林，坚决扼守巴林桥；命福全、常宁、苏努、马哈恩等部速向乌兰布通集结，并从京畿、盛京、吉林、西安等地抽调劲旅参战。激战中，噶尔丹军以驼城掩护，发射鸟铳。前锋参领格斯泰飞舞战刀，单骑直入贼营，左右冲击，探得驼城虚实。于是清军以铁心火炮、子母火炮猛轰驼城，驼城断为二，打开缺口，佟国维乘势由山腰绕后横击之，步骑争先陷阵，遂破其垒，大胜噶尔丹军。

平定张格尔叛乱是一个小case

道光七年（1827年）初，清军2.2万人从阿克苏出发。2月23日，在杨阿尔巴特遭遇叛军。清军主帅长龄将全军一分为三，三路进攻，并以枪炮密集射击压制叛军。经过激战，两万叛军被歼万余，3200人被俘。清军士气大振。

　　25日，在沙布都尔清军再次击败叛军，歼敌万余。27日，清军进攻喀什噶尔的重要门户阿瓦巴特，张格尔投入十余万叛军死守。第二天，两军对阵，清军以步兵居中，骑兵列于两翼。步兵施放连环枪炮、喷筒，藤牌兵穿虎衣迎击叛军马队，使其马匹受惊陷入混乱。最后清军骑兵从两翼包抄，叛军大败，被歼近3万人。29日，清军开始进攻喀什噶尔。张格尔背水一战，十多万叛军倾巢而出，在城外河边列阵，阵前挖三道沟，并筑土冈一道，冈上开洞设枪眼，架设排列英国殖民者所资助的洋枪洋炮。半夜，狂风大作。长龄认为叛军占据地利，人数又远多于清军，现天昏地暗，恐四面受敌，因而主张后撤十里。而杨遇春则认为这是"天助我也"，应趁叛军在昏暗中难辨我军之时迅速出击。于是先派索伦兵千人绕到下游牵制敌军，杨遇春亲率人马在上游抢渡，突然出现在叛军营垒之外，发炮轰击，炮声与风沙并作，天崩地裂。叛军阵势大乱，自相践踏，落荒而逃。此战清军歼敌6万多人，俘虏4000余人，并且收复了喀什噶尔。

平定张格尔叛乱

千磨万击还坚韧
近代火器醉今生

　　失败乃成功之母。清军在经历了第一次鸦片战争的失败后，开始反思失败的原因，认识到中外火器的巨大差距，于是开始了火器模仿、消化、吸收的中西结合的改革之路。不论是理论上的技术改进，还是实践中火器的性能与军事设备的改善，都取得了一定的突破与发展。至此，中国的火药火器走上了上坡之路。而这场回温之势又掀起了一场怎样的火药火器改革呢？19世纪60年代的近代军事工业不容小觑。

火药和炸药在近代的发展如何？不夸张地说，可用品种繁多、百花齐放来形容。但是值得一提的还是那些战场上的主角们——黑火药、栗色火药、无烟火药和炸药。

火药燃烙画

国近代的火药、炸药也曾书写传奇

火药纪念章

　　黑火药是中国古代伟大的发明之一，已有千余年的历史。13世纪经阿拉伯传入欧洲，并发展成为大型火炮的发射药和弹体炸药。17世纪开始用于工程爆破和矿山爆破。19世纪末，黑火药作为发射药为无烟药所替代，作为弹体炸药为苦味酸所替代，作为爆破药为代那迈特炸药所替代，黑火药的使用范围大大缩小，仅作为传火药等用。从19世纪60年代起，中国为满足当时发射药和弹体炸药的需要，先后有20多个局厂生产黑火药。19世纪90年代初，中国开始建无烟药厂，到20世纪30年代末，先后有14个工厂专造或兼造无烟药。

黑火药和栗色火药

中国采用机器生产黑火药开始于19世纪70年代。天津机器局于1868年从英国购买机器，聘请外国技术人员指导，1870年8月建成日产140～180千克的黑火药厂，这是中国第一个以蒸汽为动力、用机器生产黑火药的工厂，后又进行扩建。1874年前后，日产量提高到900余千克。1875年，为满足后膛炮弹装药需要，天津机器局从国外购买压药饼机器，制造六角藕形药饼。江南制造总局1870年从国外购买机器筹建黑火药厂，1874年建成，仿制外国炮用粒状黑火药等，1884年产量达到15.87万千克。山东机器局于1875年建黑火药厂，1876年建成，由徐建寅等设计，一部分机器由英国厂商制造，一部分机器自制，然后自行安装，组织生产，它是中国建设时间最短、耗资最少的一个黑火药厂，1900年产量达11.8万千克。四川机器局于1880年建黑火药厂，1890年和1891年产量均达5.9万千克。吉林机器局于1884年建黑火药厂，1887年建成，1886~1899年生产黑火药33.1万余千克。

黑火药

黑火药的配方为：硝酸钾75%，木炭15%，硫黄10%。所需主要原料硝酸钾和硫黄自行提炼精制，木炭亦自行焙烧。制造工艺过程为原料粉碎、混合、碾药、压实、粉碎造粒、过筛、加石墨粉、烘干。为满足各类枪、炮弹装药的需要，黑火药的品种规格较多，如江南制造总局龙华火药厂生产有各号细粒药、六角七孔药饼，金陵制造洋火药局生产有粗枪药、黑

从火药到枪的历程

色粒子药、黑色六角药饼、细炮药、小炮药、功字炮药等，天津机器局黑火药厂生产有六角藕形药饼、多孔炮药等。

由于国内原料来源丰富，精制亦不困难，又有较长时间的生产经验，加之引进国外设备和技术，中国黑火药生产得到了迅速发展。据不完全统计，1874~1911年，各局厂共生产黑火药约871.45万千克。其中，江南制造总局生产233.15万千克，占全国总产量的26.8%；山东机器局生产238.3万千克，占全国总产量的27.3%；天津机器局生产约217.69万千克，占全国总产量的25%；四川机器局生产约80万千克，占全国总产量的9.2%。上述四个局的产量占全国总产量的88.3%。1940~1942年，由于TNT进口困难，第二工厂曾建黑火药厂，三年间共生产黑火药840吨，用作手榴弹等的弹体炸药。火器的发展促进了火药的改进。随着远程火炮的出现，需要燃烧速度较慢的火药。美国于1868~1882年对黑火药进行了改进，制成栗色火药。

栗色火药仍属硝酸钾、硫黄和木炭等组成的混合火药，其制造过程亦与黑火药相同，不同的是降低了木材焙烧温度，制成棕色木炭以代替黑色木炭，调整火药配方，降低配比中的硫黄量，用水压机压成高密度、单孔或多孔的几何形状药饼，再经低温烘干。栗色火药在炮膛中燃烧时燃速较黑火药慢，接近于平行层燃烧，改善了火药的燃烧性能，满足了当时远程火炮的需要。

天津机器局于1887年建栗色火药厂，至1898年生产能力约达年产栗色火药饼9万千克，是中国最早建成的栗色火药厂。江南制造总局从国外购买机器，聘请外国技术人员指导，1893年建成栗色火药工厂，至1904年共生产栗色火药524吨。由于无烟药、苦味酸和TNT的出现，黑火药和栗色火药的需要量减少，至20世纪初，仅少量生产，供传火和烟火等用。

无烟药是不是真的无烟

　　1846年德国化学家C.F.舍恩拜因、意大利化学家A.索布雷罗用浓硝酸和浓硫酸的混合酸处理棉纤维，分别制得硝化棉，这是火药发展中的一个突破。1884年法国化学家维也里用醇—醚溶剂处理硝化棉，并碾压成型，制得能缓慢燃烧的单基药，代替了黑火药作发射药用。这就是无烟火药。

　　据不完全统计，从1895年至1949年，全国共生产无烟药3750余吨。其中，湖北钢药厂生产2675吨，占总产量的71.3%；江南制造总局龙华火药厂生产268吨，占总产量的7.1%；东三省兵工厂无烟药厂生产300吨，占总产量的8%；德州北洋机器局无烟药厂生产201吨，占总产量的5.4%。上述四个厂的总产量占全国总产量的91.8%，其他各厂生产时间短、产量少，有的工厂虽已建成，却未批量生产，其总产量仅占全国总产量的8.2%。半个多世纪以来，中国无烟药工业历尽沧桑，从创建、兴盛至衰落，至1948年只留下第二十三工厂和西北化学厂，日产能力共约450千克。

　　中国最初向外国购买机器建设无烟药厂距法国1884年发明单基无烟药仅晚十年。当时无烟药工业尚处于创始阶段。科学技术的进步和枪炮性能的提高对无烟药提出了更高的要求，从而促进了无烟药生产设备和制造工艺的迅速发展。

无烟火药

中国近代枪械和火炮走上历史舞台

近代的枪械和火炮已经逐步趋于成熟。枪械有很多种，常用的是步枪、机枪、冲锋枪、信号枪等。而火炮的门类就更为复杂，各种火炮威力不同，射程不同，应用的领域也不同。

中国近代时期的枪械包括各种步枪、抬枪、机枪、手枪、冲锋枪及信号枪等。其中步枪又包括普通步枪和马枪，机枪包括重机枪和轻机枪。

步枪

步枪按其外形尺寸、重量和使用方式分为普通步枪和马枪。两者结构基本相同，但马枪较短、较轻，适于骑兵使用，又称骑枪。步枪的发展大体可分为两个阶段：第一阶段以前装枪和后膛单发枪为主，第二阶段为后膛连发枪，但两个阶段有所交叉。

前装枪又分为前装滑膛枪及前装线膛枪两种。前装滑膛枪的枪管内无膛线，一般采用散装黑药、群子，结构简单，制作方便，主要有西安、兰州、山

东、山西、四川等机器局制造此种枪。前装线膛枪的
枪管内刻有膛线，枪弹为独个铅子。铅子的形状有多
种，一般为长形扩张式，底部中空，呈圆锥形，装有
铁塞或木塞，借火药燃气压力使铅子圆柱部压入膛线
而起密封作用。其射击精度和侵彻力相对前装滑膛枪
来说较高。江南制造总局于1857年最先仿造英、法、
德等国的前膛来复步枪和马枪。其中所制的德国前膛
来复步枪口径11毫米，初速45.7米/秒，射程457米，
有带标尺的瞄准装置及刺刀等物，结构较复杂。其后
天津、吉林、云南、陕西等机器局也开始制造。前装
枪由于弹药须从枪口装入，装填速度较慢，射击精度
较差，性能落后，后逐渐被后膛枪所代替。

后膛枪的仿制时间较早。江南制造总局在1867
年仿制前装线膛枪的同时，即已开始仿制美国林明敦
边针枪，之后山东、天津、四川机器局也陆续仿制马

步枪

梯尼亨利、斯乃德、黎意等后膛枪。这些枪均系黑药、铅弹单发枪，所用枪弹为药筒、黑药、底火、弹头结合在一起的定装式黑药铅弹，从枪管后膛装入，供弹方式皆为单发装填。枪身有击针击发式的闭锁机构，枪弹装入后进行闭锁，扣动扳机击发，火药气体不能外泄，增大了弹丸的能量和初速。其射击精度、射程及射速均优于前装枪。

后膛连发枪（即后膛连续供弹步枪）是在后装单发枪的基础上增设一个能容若干发枪弹弹仓的枪，可以连续供弹。每分钟可发射枪弹10～12发，较单发枪先进。中国制造该种枪始于1891年江南制造总局制成的快利步枪。湖北枪炮厂于1893年开始仿制1888年式毛瑟步枪，1895年投产，并将之称为汉阳式步枪。1907年，广东军械制造总厂仿1904年式毛瑟步枪，制成1907年式步枪。1924年，东三省兵工厂仿制1898年式毛瑟步枪。山西军人工艺实习厂仿制日38式6.5毫米步枪。1935年，巩县兵工厂仿1924年式毛瑟步枪，制成中正式步枪。这些枪是中国近代生产最有影响的6种后膛连发步枪。其中汉阳式步枪流传最广，制造的工厂最多，制造的时间最长，从1895～1946年，总产量为100余万支。1935年，中正式步枪被定为制式步枪后，多数工厂生产此种枪，其中第二十一工厂生产工艺较正规，产品质量较高，生产数量也最多，1944～1949年共生产42.6万余支。各局、厂在仿制这些枪支的过程中，均有不同程度的改进。除以上几种步枪外，1905年，数种自动步枪研究成功，但未投入生产。

抬枪

抬枪的结构原理同步枪，需两人共抬，故名抬

枪，其所用弹药与步枪有所区别，射程更远。

"机枪"的前半生和后半生

康熙年间，戴梓曾发明过一种连珠铳，形似琵琶，弹药（黑药铅丸）储存于铳之脊背，用机关进行开闭。有相连两机，扳动第一机时，弹药自动落入铳中，另一机随之转动，摩擦燧石起火。装填一次，可连射28发，近似近代的机枪，而当时，世界各国尚未出现此种枪。但康熙未采用这种武器，并听信谗言，将戴梓充军关外。至19世纪80年代才开始仿照外国式样，在步枪制造的基础上制造机枪。其过程是先制造重机枪，后制造轻机枪，最后发展到制造轻重两用机枪。1881年，金陵机器局首先仿制美国加特林轮转机枪，并将之称为十门连珠格林炮，此枪为美

国人理查·乔登·加特林于1862年发明。嗣后，该局于1884年又仿制美国诺登飞多管排列机枪，并将之称为四门神机连珠炮，此枪为美国人诺登飞于1878年设计。1886年，四川机器局也曾试造加托林轮转机枪。以上两种枪皆为多管手动的击针后装式机枪，尚非自动机枪，均须按顺序用手装填枪弹发射。前者为枪管围绕固定中心旋转，后者枪管作一字形排列，但枪弹发射速率远高于步枪，每分钟350发，射程2000米。这两种枪在中法战争中曾发挥重要作用，得到清政府的好评。1888年金陵机器局开始仿制马克沁重机枪，并将之称为赛电枪。该枪为英籍美国人海勒姆·史蒂文斯·马克沁于1883年发明，是最早出现的一种管退式自动机枪，击发时，借火药气体压力推动枪管后退而完成自动循环。从此，中国开始进入重机枪的制造时期。

手枪、冲锋枪及信号枪

中国手枪发展始于四川机器局。1901~1904年，该局曾制造德国毛瑟手枪2824支，1902~1903年，该局还生产了前装利川手枪1970支。1913~1921年，金陵机器局和上海制造局先后制造比利时1900年式勃朗宁半自动手枪。1918年后，四川兵工厂，大沽造船所，汉阳、太原兵工厂等11个单位先后生产德国1896年式毛瑟半自动手枪。1934年，国民政府军事委员会拟定该枪为中国军用制式手枪。1940年，中央修械厂筹造美国史密斯·韦森左轮手枪，断续生产到1948年。

　　M3A1式冲锋枪系美国1944年装备部队用的冲锋枪。1947年，国民政府国防部国防科学研究所认为，中国使用的冲锋枪式样甚多，但构造均有缺点。经研究比较，择威力较大，制造无困难，轻重、精度符合理想的美国1944年生产的M3A1式冲锋枪进行仿造。经测绘，试造样枪射击结果良好，于是将其定为中国制式冲锋枪，并命名为"36年式11毫米冲锋枪"，由第六十工厂、第九十工厂进行批量生产。该枪为折叠式枪托（钢架），零件多采用冲、铆、焊复合工艺，因此制造简便，造价低廉，短期内便可进行大量生产。自动方式为药筒底压式，闭锁方式为仅由加重之枪闩及复进簧伸力进行的闭锁，射击方式只有连发，但熟练射手也可单发。

　　信号枪即信号手枪。我国生产的信号手枪有单

管和双管两种。早在1934年，金陵兵工厂曾生产过1000余支；1939~1942年，第十一工厂生产2610支；1941~1943年，中央修械厂（1943年称为第四十四工厂）生产2490支；1948~1949年，第三十工厂最高月产量为150~200支。信号枪口径26.8毫米，枪管长231毫米，内膛光滑，无来复线。最初各厂制造时皆参照蓝图整体加工制成，浪费了工料。第三十工厂将枪管与接榫分开加工后再行焊接，工料较为节约。枪管接榫用销与枪柄做成撅把式，与猎枪相似，由于无瞄准装置与保险机构，结构比较简单。

中国近代火炮的发展始于19世纪60年代。清朝晚期，先后生产火炮的局、厂有19个。初期主要仿制各国的前装炮和旧式后装炮，为适应海防需要，着重仿制各种口径的要塞炮和船台炮，先用铜、铁加工制造，逐步发展为采用钢材制造。例如，1864年，苏州

洋炮局最先用机器加手工的方式制造了24磅子前装滑膛生铁炸炮；1878年，江南制造局仿制出国产第一门钢质英阿姆斯特朗式前装线膛炮；1884年，金陵机器局制成中国最早的带车轮移动的架退克鲁森式2磅子后装线膛炮；1890年，江南制造总局制造出阿式800磅子后装线膛炮，炮身重50吨；1892年，江南制造总局又制造出中国第一门后装管退式船台快炮（又称速射炮）；1905年，江南制造总局又率先制造出管退式75毫米山炮。

前装炮

　　前装炮（又称前膛炮）指弹丸从炮管口部装入的火炮。清朝晚期，仿制生产的有前装滑膛炮和前装线膛炮。19世纪60年代初，清政府从英、法等国引进并仿制的前装滑膛炮主要是生铁短炸炮。

　　1863年，李鸿章建立苏州洋炮局。由受聘于该局

的英国人马格里出面买下了"阿思本舰队"的部分机械设备，用来装备苏州洋炮局。苏州洋炮局于1864年制造出24磅子生铁炸炮，月产量6~7门。这种炸炮形状如怒蛙，俗名田鸡炮，发射时固定角度为45度，炮口斜昂向天，又称天炮，属前装滑膛炮。苏州洋炮局当时使用的多是以蒸汽为动力的皮带传动机床。苏州洋炮局生产的生铁炸炮以生铁为原料，通过熔铁炉化为铁水，然后采用"铁模铸造法"浇铸。经过3~4天，待铸件冷却后将心轴取出，用火将铸件烧透，冷却后打磨，使管内外光滑，再钻通引火，试验演放，响亮稳固者即可使用。1865年建成的江南制造总局生产炸炮的规模较大，1867~1876年共生产12磅子、16磅子、24磅子、32磅子生铁和铜质前装滑膛炮128门。 1875年，金陵

机器局由英国人马格里督造68磅子大炮7门。在大沽
炮台试验演放时，因材质低劣，当场爆炸2门，炸死
士兵5人，重伤13人。李鸿章因此下令撤销了马格里
在金陵机器局的督办职务。此外，还有天津机器局、
湖北枪炮厂、四川机器局、兰州机器局、吉林机器
局、河南机器局等都生产过前装滑膛炮。

　　1878年，江南制造总局在英国人麦根的督导
下，仿制出英国阿姆斯特朗式40磅子钢膛熟铁箍前
装线膛炮，即以钢管为内管，外加一熟铁箍，以增
加炮身强度。制造此炮时，采用了热套工艺。该炮
口径11.938厘米，炮管长为口径的41倍，有膛线，射
程远，最大射程7223.76米。炮弹侵彻力和命中精度
均较滑膛炮有较大提高，是中国最早制造的钢质火

炮，到1884年共生产23门。1880~1885年，该局又先后生产80磅子、120磅子仿英阿姆斯特朗式钢膛熟铁箍前装线膛炮50门。

火炮生产由用铜铁铸造到钢材制造，说明制炮技术在不断进步。由于前装炮炮弹从前膛装入，弹径必须小于火炮炮管内径，炮弹与炮膛之间必然有一定空隙，这就使火药燃烧时所产生的气体必然有一部分从空隙泄出，影响射程，且炮弹不能密接膛线围绕它本身纵轴线旋转，出口后容易改变方向，影响命中率。所以在后装炮完善其闭锁机构后，前装火炮（迫击炮除外）便被淘汰。

旧式后装炮

相对于前装炮来说，后装炮具有以下特点：有完善的炮闩，装填炮弹更为简便迅速；由于后装炮均采用长形弹，并附有弹带，发射时弹带嵌入炮管膛线，弹丸旋转运动，可防止火药气体泄出；弹道性能较好；造炮材料由铜铁改为钢质，提高了炮管强度，因而有较高的射速和命中率。但是由于这一时期主要是生产架退式后装炮，除船台快炮采用无烟药外，大部分火炮仍采用黑色火药，发射后烟雾大，需待烟雾消散或移动炮位重新瞄准后方能再次射击，因此，往往会贻误战机。

新式后装炮

新式后装炮的特点如下：管退式，炮身长，射程远；配有瞄准装置，射击精度高；重量轻，机动灵活，既可用于边防、海防，又适合于山地野外作战。1905~1949年，中国先后仿制生产的新式后装炮有山炮、野炮、榴弹炮、平射炮（含战防炮、无坐力炮）和高射炮等。

江南制造总局

近代兵工厂一展雄风

明日黄花——安庆内军械所

清朝晚期兴办了许多兵工厂，其中具有一定规模的有35个。它们虽然在规模上有大有小，产量上有高有低，兴办时间有长有短，但是它们的兴办让我国军事工业从手工走向了机械制造。其中最早的安庆内军械所、全国综合实力排第一的江南制造总局、专为北洋驻军兴办的天津机器局、两江最大的金陵机器局、后起之秀汉阳枪炮厂等成为中国近代兵工厂的骨干力量。

咸丰十一年（1861年）设立安庆内军械所，主要是为了仿制洋枪、洋炮。这是安庆机械工业的开始，是中国人依靠自己力量建立的第一个近代军事工业企业。同时这也是中国近代机械工业的发起，是中国近代第一家国营性质的军用企业，标志着近代工业的起步。

可是，曾国藩创办的安庆内军械所最终还是退出了历史舞台，并且遗迹难寻。虽然它由曾国藩在安庆开创，并聘用了徐寿、华蘅芳等杰出科学家、实干家，但还是没能延续下来，安庆人民为纪念曾国藩而修建的"曾公祠"也早已不复存在。可值得注意的是，安庆内军械所当时已经迈进了世界先进行列。

安庆内军械所是清朝末期最早官办的新式兵工厂。1861年，由曾国藩创设于安徽安庆，制造子弹、火药、枪炮。科学家徐寿曾在此主持制造中国第一艘轮船。所内"全用汉人，未雇洋匠"，集合了一批当时中国著名科学技术专家，如徐寿、华蘅芳、龚芸棠、徐建寅、张斯桂、李善兰、吴嘉廉等，还有上百名工人。1862年8月，该所制造出我国第一台蒸汽机。同年底，该所试制成一艘小火轮，成为之后"黄鹄"号的雏形。1863年初，该所开始生产各种劈山炮和开花炮弹。1864年，湘军攻陷南京后，迁往南京，后并入金陵机器局。

光绪二十三年（1897年），安庆造币厂置办机器鼓铸银元，后改为安徽省制造厂，制造弹壳，修配枪支，并设电灯厂。民间到抗日战争初期仍只有清末民初开办的几户机器修配店。新中国成立后，市政府扶持私营工业，手工业恢复生产。1950年成立安庆机器厂，为当时全省七家国营机械工业企业之一。

安庆内军械所的发展历程是如此，那么后来的江南制造总局又是怎样一番风貌呢？

曾国藩

官风凛冽的衙门——江南制造总局

世人皆言江南人杰地灵，"盛产"才子佳人。殊不知，江南也盛产机器。清朝时，就有一个赫赫有名的江南制造总局，又称上海机器局。该机构成立于1865年的上海，由曾国藩规划，后由李鸿章实际负责，是李鸿章在上海创办的规模最大的洋务企业。它不断扩充，先后建有十几个分厂，雇用工兵2800人，能够制造枪炮、弹药、轮船、机器，还设有翻译馆、广方言馆等文化教育机构。但是，它在管理上仍然存在着浓厚的衙门习气。

江南机器制造总局

江南制造总局最初是向上海租界的美国公司旗记铁厂购买机械厂房和船坞而成立，同年，将原来的苏州洋炮局和由容闳向美国购买的机器设备一起并入其中。

到光绪三十一年（1905年），江南制造总局造船的部门独立，称作江南船坞。辛亥革命时，又改称江南造船所。江南制造总局本身也于1917年改称为上海兵工厂，于1937年停办。

日军占领上海后，将其场地和机械并入江南造船所。江南造船所于1953年又更名为江南造船厂。1967年搬到高昌庙镇，扩充设备，建有机器厂、洋枪楼、汽炉厂、铸造厂、轮船厂等，占地70余亩。至20世纪80年代又相继建成炮弹厂、水雷厂、炼钢厂、栗色火药厂、无烟火药厂等。1996年改为江南造船有限责任公司，属于中国船舶工业集团公司。

下面，我们把目光由烟雨迷蒙的江南转向苍茫粗犷的北方。

用钱砸出来的火药厂——天津机器局

1865年，江南制造总局与金陵制造局相继建立，南方军火生产呈星火燎原之势。清政府为考虑军火生产布局，决定在北方建立新式军火生产工厂。恭亲王奕欣于1866年8月提出在京城或天津设立机器局，这与兵部会议提出在天津设局的主张不谋而合。同年10月，奕欣正式奏请朝廷在天津设局，以制造外洋

天津机器局

军火，并提出由三口通商大臣崇厚负责筹划，这一奏议得到朝廷批准。

天津机器局

崇厚委任英国人密妥士筹备建局事项，并拨付8万银两在英国购买制造火药和铜帽的机器。1867年3月在天津城东贾家沽道购地2230亩，5月正式开局，初名军火机器总局。按照建厂计划，经过一段准备工作后，动工兴建机器总局的火药局（通称东局）。1870年8月东局建成，局内安装制造火药和铜帽的机器，当年开工生产，日碾黑色火药140~180千克。

在东局筹备期间，直隶练兵急需劈山炮和开花炮。若等待东局建成后制造，缓不济急。崇厚提出在天津设专局制造，清廷批准。崇厚委任英国人戈登、薄郎等购机建局。1867年9月，在天津城南海光寺动工兴建西局（亦称南局），这是军火机器总局的一个分局，局内设铸铁厂、锯木厂、金工厂、木工厂，雇用当地工人50余名。1868年，西局开工生产，铸造出450磅子重铜炸炮，还制造出炮车和炮架。西局还承担东局的修配任务，到东局建成时，西局已铸造炮位、轮船机器零件等7000余件。

尽管清廷政权已到了岌岌可危的地步，但在军火的消费上还是坚持走"大款"路线。军火机器总局东、西两局开办共耗银48.3万余两，其中，东局为38.8万余两，西局为9.5万余两。1870年，因天津教案，崇厚出使法国，李鸿章任直隶总督，接办军火机器总局，改名为天津机器局。

天津机器局是如此，那么，金陵机器局是怎么出生并长大的呢？

繁华一梦——金陵机器局

金陵（今南京）是我国四大古都之一，历史悠久，文化底蕴深厚。清朝时，这儿也曾是枪炮制造的重地之一。

同治四年（1865年），李鸿章代理两江总督，将原苏州洋炮局迁往南京，扩充后建立金陵机器制造局，简称"金陵机器局""金陵制造局"。金陵机器局名义上由清政府委派总办经管，实际大权掌握在英国人马格里手中。该局从外国购置机器，聘用外国工匠指导技术，主要生产枪支、火炮、子弹及其他军用物资。到同治八年（1869年），该局已能制造多种口径的大炮、炮车、炮弹、枪弹及各种军用品。光绪五年（1879年）以后，金陵机器局已成为拥有机器厂3座，翻砂、熟铁、木作厂各2座，包括火箭局、火箭分局、洋药局、水雷局在内的近代军工企业。产品主要供应淮军及本省各防营使用。光绪七年（1881年）后又添设火药局。中华民国十七年（1928年），国民党政府将该局并入上海兵

金陵机器局

工厂，改称"上海兵工厂金陵分厂"，次年又改称"金陵兵工厂"。

我们了解了金陵机器局，下面就来走进汉阳枪炮厂吧。

金陵机器局旧址里的工业厂房，现在被改造为1865创意产业园

居九省通衢之要塞——汉阳枪炮厂

凭借着"九省通衢"的地理位置，武汉三镇（武昌、汉口和汉阳）不仅是全国重要的交通枢纽，而且一直是全国的商业、金融重镇。张之洞可谓是武汉地区响当当的名人，那么，他是凭借什么在历史上名声大震的呢？我们这里所要介绍的汉阳兵工厂正是清朝晚期洋务运动的代表人物张之洞到湖北后主持创办的军工制造企业，于1892年动工，1894年建成。虽然创建时间晚于上海、南京、天津等地的军工企业，但从德国购买了当时最先进的制造连珠毛瑟枪和克虏伯山炮等的成套设备，它所生产的汉阳式79步枪（汉阳造）、陆路快炮、过山快炮均是当时较先进的军事装备，因此，它成为清朝晚期规模最大、设备最先进的军工企业。

它的初名为湖北枪炮厂，隶属驻省总局，委任

汉阳兵工厂门楼

各司道为总办，如藩司翟廷韶、臬司岑春萱等。1890年3月16日，张之洞致电海军衙门，选定在鄂省城之外建兵工厂，主要是因为湖北大冶县产铁，而以厂就铁较为合理。该厂机器共花费38万两白银（包括造克虏伯小炮机器），建厂预计需15万两白银（由户部自造路款项中拨给）。3月19日，张之洞奉旨将枪炮厂设于湖北。1890年9月6日，张之洞在大别山下找到厂址，长2000米，宽333.3米，南枕山，北滨汉，西临大江。唯需筑地基3米，并增高堤防以防水淹。1904年枪炮厂规模扩大，分厂林立，改名为湖北兵工厂。湖北兵工厂所生产的步枪"汉阳造"闻名全国，直到20世纪中期，依然是中国最主要的步兵武器。1908年，湖北兵工厂改名汉阳兵工厂。该厂在张之洞离鄂前共造步枪11万支，枪弹4000万余发，各种炮985门，各种炮弹98万余发。后任湖广总督陈夔龙称，其制度宏阔，成效昭然，窃叹为各行省所未有。

炮台，顾名思义就是架设火炮的台基，是随着火炮的发展而出现的一种战时工事。炮台一般设在进可攻、退可守的战略要塞，要塞一般具有两门以上的火炮。

由于现代战争的变革和火炮的机动性，炮台已不再作为战时工事，只有具备战略意义或历史意义的炮台被保护下来成为历史遗址，如中国沿海城市厦门的胡里山炮台、上海吴淞口炮台、烟台东西炮台和旅顺电岩炮台等。这些炮台架设的多为近代岸炮，对抗击外来侵略者发挥了积极的作用。

随着汉语词意的不断发展，炮台也有了许多引申义，我们可以来了解一下。新书在首次上市销售时，既不像大多数书那样放在书架上，也不堆放在书桌上，而是被一本一本地放在地上交错垒成一米左右的中空塔形，这个圆形或方形的"书塔"在图书销售行业中被称为"炮台"。"炮台"的位置一般在书店的进口处、收银台旁或自动电梯口等醒目位置，垒成"炮台"的书一般也是比较热门的新书，这种形式成了图书销售的风向标。在台钓装具中也有"炮台"，是指架设钓竿支架的专用底座。

摘下"炮台"的神秘面具

晚清血泪——悲情大沽口炮台

1926年3月，日本军舰在天津大沽口炮轰驻防此地的中国国民军部队，蓄意挑起了践踏中国主权的"大沽口事件"。

大沽口有着险峻的地势，历来都充当着京津保护伞的角色。在第一次鸦片战争中，英国侵略者为

大沽口事件

实现其"威胁天津，压服北京"的阴谋，兵临大沽口。第二次鸦片战争时期，大沽和北塘地区成为北方的主战场，雄伟的大沽口炮台成为抗击英、法侵略的坚强堡垒。从那时到1900年八国联军侵华，帝国主义列强多次炮轰大沽口，给天津人民带来了巨大的灾难。

1926年3月7日，驻守天津大沽口的国民军（冯玉祥领导的部队，正在对奉系军阀作战）发现奉系的军舰在大沽口炮台附近活动，立即开炮将其击退，并于3月9日在大沽口设置水雷，封锁港口，以阻止奉舰侵犯。3月10日，英、法、日、美、意等国驻华使馆开会，指责国民军封锁大沽口违反《辛丑条约》，要求撤除一切进京的障碍。国民军被迫于3月12日宣布开放大沽口岸。可是当日下午，日本驱逐舰在进入大沽口时，未按事先与国民军约定的信号和时间联系，并有另一驱逐舰跟随。国民军随即鸣枪示警，令其停止，而日本军舰却开炮轰击大沽口，以致多名国民军士兵死伤，酿成"大沽口事件"。国民军被迫还击，将日舰逐出大沽口。

大沽口事件激起中国人民的极大愤慨。3月14日，国共两党在京联合召开"北京国民反日侵略直隶大会"，抗议日舰炮击大沽口。国民军向日本公使提出抗议，而日本政府反以破坏《辛丑条约》为借口，公然向中国提出"抗议"，并纠集《辛丑条约》八个签字国的公使，于3月16日发出最后通牒，提出拆除大沽口国防工事、北京至出海口的交通不得发生任何障碍等无理要求，并限北京段祺瑞政府在48小时以内答复。

3月17日，两党再次召开联席会议，针对最后通牒，一致通过即日驳复通牒、不许日舰带奉舰入港、驱逐八国公使离京等决议。同时，会议决定请国民军改变作战目的，为废除不平等条约而战。

此后，国共两党代表开会准备分别向北京政府外交部、北京国务院请愿，遭到镇压，酿成了"三一八"惨案。

如果大沽口炮台是一场悲剧的见证，那么下面说到的虎门炮台则是胜利抗击外敌的见证。

以禁烟运动出名的炮台——虎门炮台

林则徐因为"虎门销烟"成为了受人膜拜的英雄人物。既然大家对"虎门销烟"如此熟悉，是否也熟悉虎门炮台呢？虎门炮台是鸦片战争时期爱国将领关天培坚持抗击英寇的地点，其附近有"义勇之冢"和"节兵义坟"。

虎门炮台旧址分布在珠江两岸的大角山武山和大虎山等地。林则徐销烟后和水师提督关天培一道走上了"群众路线"，动员民众筹备防务，加固和新建炮台11处，设置大炮300多门；以沙角、大角炮台为第一重门户，威远、镇远、靖远、巩固、永安、横档前山月台为第二重门户，大虎炮台为第三重门户，组织3道防线；又在横档岛、武山之间的江西设置木排2排、大铁链1240米，阻截敌舰。现今的虎门炮台旧址除少数位于番禺区外，大部分归鸦片战争博物馆管理，按地理位置的分布情况，分成相对集中的沙角炮台和威远炮台两组，分别成立沙角炮台管理所和威远炮台管理所进行管理。

炮台多为条石、灰、砂、黄泥砌筑，平面圆形或半月形，分为露天台（即明台）和暗台两类。威远炮台至今保存完整，为花岗岩石砌筑，全长360米，高45米，共有25个炮位，每个炮位高2.9米，宽4.2米，深6.6米。炮位旁设储藏室和官兵休息室等。

林则徐纪念像

墙内开花墙外香
西游火药茧成蝶

　　古有丝绸之路，其在历史上碰撞出的中西文明火花使得两方互相汲取了本文化发展所需的养分，从而不断向前发展。

　　亦有火药西游。那么"西游"的火药又是怎样书写一部东西方文明交融的传奇呢？让我们追随着那些冒险家的历史足迹走进"西行"的火药……

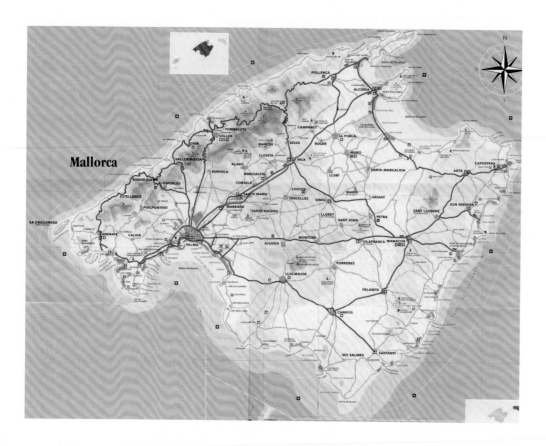

欧洲火药初放新芽儿

欧洲火器由阿拉伯传入，西班牙人做了第一个吃螃蟹的人，意大利人紧随其后，法国和英国也不甘示弱，都相继产生了火器的萌芽。

西班牙火器的萌芽

西班牙人能够最早从阿拉伯人那里学习到火药与火器技术，这是有历史原因的。

711年，阿拉伯人（摩尔人）侵入西班牙，在比利牛斯半岛上建立了隶属于阿拉伯哈里发的总督统治区。阿拉伯人在加强对西班牙人统治的同时，也带来了东方国家先进的科技文化与生产技术。

11世纪初，西班牙境内的阿拉伯哈里发开始分裂为20多个大封建领地，这就给西班牙人收复失去的故土提供了机会。在收复失地的多次作战中，西班牙人从阿拉伯人那里获得了先进的火器，并仿制成欧洲最早的手持枪，这便是西班牙火器最早的萌芽。

阿拉伯人在14世纪初同西班牙人作战时，曾多次使用马达法等火器。据恩格斯的《炮兵》记载，阿拉伯人在1325年进攻西班牙的巴萨城，在1326年进攻西班牙东南部的港口城市阿利坎特时，都使用了马达法等火器。

恩格斯《炮兵》

意大利火器的萌芽

意大利曾有一些关于14世纪前期火器的文献和实物资料，其中有些并不属实，但也有一些是可以立足的。

例如，1343年，意大利著名的艺术大师保罗·尼里（Paolo del Maestro Neri）在意大利西耶那附近莱赛

托（Leccetto）教堂的画壁上画有用手持枪围攻城堡的图像。这幅壁画虽然古朴，带有艺术性，但也反映了当时用火门枪进攻城堡的情景。从图像看，手持枪的枪管呈直筒型，枪管后部有一个圆孔，称为火门。通过火门，人们可以用点火之物点着筒内的火药，将弹丸射出。使用时，射手一手持枪，一手持点火之物，进行点火发射，这成为欧洲最早的单兵火枪。

法国火器的萌芽

英法战争

法国地处欧洲西端，当中国人发明的火药、火器技术传入欧洲时，正值英、法两国之间进行长达100多年的战争，史称"百年战争"。战争推动了法国火器的发展，用火器进行战争的记载也屡有所见。

1338年，法国的里昂兵工厂已经能使用硝石和硫黄制造火药。1340年，法国军用火器击退了英军的进攻。1342年，法国的一座兵器库中存有400支用火炮发射的箭镞。

英国火器的萌芽

英王战舰

13世纪至14世纪，英国的手工业已经发展起来，手工业和冶金工业成为英国工业的排头兵，伦敦、牛津等城市已成为经济和科技文化中心。自然科学家罗杰尔·培根在13世纪后期开始宣传火药知识。

在英国残存的一份1338年王室文书中，记载了一艘英王乘坐的战船上装备了2门铁制小型炮的支架，1门铁制小型炮所附的2个药室，以及1门青铜炮所附的1个药室。另一艘英王船上装备了3门小型火炮、5个药室、1支火门枪。文献中第一次出现了英文手持枪。当年，爱德华三世指挥英军用加农炮进攻法军防守的阿尔夫尔和鲁尔鲁港。

1346年5月10日，人们从爱德华三世王室武器弹药库保管员的记载中得知，其已向派往法国的英国陆军拨运了912磅（约413.68千克）硝、846磅（约383.74千克）硫黄，以便制造军火，供英军作战之需。

欧洲火药火器如燎原之势兴起

欧洲火药和火器的制造时间虽然很晚，但是他们在研究上十分积极，不断采用奖励政策，鼓励有识之士研制火药、火器，促进了火药、火器在欧洲的发展。

欧洲火器当时的制作方式

欧洲的火药制造起于何时，迄今不能确知。现在已经有据可循的是德国的奥格斯堡和莱格尼茨等地在1340~1348年建立了小型的火药制造场。当时的火药制造从原料的精选到火药的制成，都是用手工方式进行的。

首先是原料的精选。正如现在的牛奶都要强调选自某某大草原一样，当时的原料也是纯天然萃取。硝石大多采用自然生成的粗硝，一般从碎石堆、马牛羊猪的厩圈中，甚至从居家的床底下刮取，经过提炼后使用；硫黄大多从意大利西西里岛等地的火山附近购买，经过提炼后使用；木炭大多从白杨、青杨、菩提

14世纪德国小型的火药制造场

德国手工制造火药工艺流程

树等树木中选择，经过风干后放入密闭的焙炭炉中焙制，在焙制过程中严防炭化，否则它们将成为废料。

再说搅拌。搅拌方式与中国北宋初期火药的配置相似。

最后是配制火药的工艺流程。日本出版的《药法之卷》和美国出版的《世界轻武器》转载了德国药典中的一张图，这张图描绘于1390年前后，显示了当时德国手工制造火药的工艺流程。该图画共有四幅。

第一幅图一人右手拿斧头，左手拿木条之类制成的木炭，正在进行剁切，使其成为碎片，而后再使其成为碎粒。第二幅图有两个人，其中一人右手拿一个木槌，左手握扶一支木杵，在石臼中搅拌，木槌正在敲击木杵的上端；另一人两手各拿一个水杯，左手正欲向臼中倒水，以使捣碎之物有一定湿润度。第三幅图中一人右手持杵正在搅拌，一人在加水。第四幅图中立一桩架，架上有一封闭的球形器皿，器皿中装满了三者混合物的碎粒，正在搅拌捏合，使之成为火药块。

火器研制的概况

欧洲火器研制与使用的重点在枪炮方面。

当时一些国家对为火器的研制、管理和使用作出贡献的人员采取奖励政策，以促进火器的发展，其中以德国当局采取的举措最为突出。其一是颁发奖状和奖金。1372年，纽伦堡市议会对出色完成牧师所的造枪任务者及廉洁奉公完成该所火药库监护任务的人员颁发了160古尔顿奖金和奖状。其二是提升职务和地位。1382年，唐斯坦茨城市的2名火炮监督员都因工作出色而被提升为"公务员"。

14世纪后期，欧洲一些国家建立了专门的火器制造工场。例如，1364年建立了专门制造枪炮的"管理枪炮制造所"。

欧洲国家的火器制造场所制造的火器在资本主义萌芽时期就已经确立了明确的市场价格制度。1383年，纽伦堡火器制造场制造了一门火炮，支付铜铁、亚铅等材料费和火炮监督员的报酬为173磅5先令。对军队装备与使用的枪炮标出明确的市场价格，有利于火器制造场进行成本核算，有利于对工场及其所有成员进行业务考核，有利于火器制造的运作和发展。

欧洲早期的火炮很有特色，基本以巨炮为主。但是由于巨炮在使用过程中的种种不便，最终引发了欧洲国家大规模各自为营的火器制造革新，并且取得了重大的突破和成果。

欧洲的火炮制造技术在15世纪主要取得了三项重大突破性进展：其一是在一些国家的大都市和陆海要塞，制成并装备了前所未有的巨型火炮；其二是一些国家对火炮纷繁杂乱的形制、构造进行了相对规范和统一的改造；其三是为了适应海上争霸的需要，后装炮等舰载火炮应运而生。

欧洲最先露脸的火炮们

欧洲的早期巨炮

欧洲在15世纪出现巨型火炮制造热是有历史原因的。当时各国之间战争频繁，需要大量攻占城池要塞，于是适应攻城、守城这种战争需要的巨型火炮便应运而生。通过比较，具有代表性的有以下几种。

法乌尔·迈特巨炮

法乌尔·迈特巨炮

法乌尔·迈特巨炮是1411年造于布伦斯维克的巨型青铜炮，此炮已无实物形式存在，仅存一幅图。歌尔克在其著作中介绍了它：炮身长2.9米，口径76厘米，炮重8228千克，弹丸重409千克，装药量30.8千克。

罗独斯炮

罗独斯炮由意大利人铸于1420~1430年间，由日耳曼国家博物馆收藏。炮身长3.23米，口径30厘米，药室直径15厘米，炮身两侧有环，尾部两侧有炮耳，可安于炮架上发射。

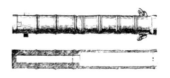

罗独斯炮

巴塞尔炮

巴塞尔炮是用熟铁铸造的巨型火炮，制于1420~1430年，现存于巴塞尔兵器陈列室。德国陆军大尉法克纳在缺少文献和铭文而不能确定其制造年代的情况下，便从火炮的形制、构造及其制造技术推测此炮的主要技术数据如下：全长2.715米，膛长1.755米，药室长80厘米，口径33厘米，药室内径17厘米，炮口外径51.6厘米。

还有几种有特点的炮在这里不一一赘述，但它们大多不采用由国家自行制造的办法，而是将制造厂家分布在不同的国家和地区，所制造的炮各有特色，没有统一规格，没有批量生产。它们的共同特点是大多用于攻城和守备要塞，多置于后方，使用时需要众人运至前线，不便于机动作战。这些缺点很快暴露，后人便很少制造这样的巨型火炮了。

德、法两国火炮的改进

15世纪，欧洲各国火炮发展程度极不平衡。当德、法两国开始改进早期火炮时，其他国家的火炮制造与使用依然停滞不前。德、法两国火炮改进的重点有两个方面：一是将过于笨重的巨炮改为便于机动的火炮；二是简化火炮的种类和相对统一

德国火炮

　　火炮的形制、构造，目的是便于在战场上机动使用。马克西米利安一世及其继承者卡尔五世皇都是这次火炮改进的先行者。

　　马克西米利安一世的兵器库主任弗莱斯本记载了1500~1510年初步改进的火炮。这些火炮都在炮筒重心所在的两侧配附了炮耳，以便安置在炮架或炮车上发射。这种新配置的炮耳既能通过控制炮尾的升降，调整炮口俯仰的角度，从而修正火炮的射角，有利于炮车对目标的瞄准，又便于安置在炮车上进行机动作战，是一举两得的重大改进。

　　随着火炮的迅速发展，有的主炮已显得笨重，二轮车炮需2~24匹马挽行，不便随军运载，又无法山地作战，于是法国在查理八世时对火炮进行了改进。其一是提高造炮能力和改善火炮结构。在铸炮工艺上，首先将炮筒与可移动炮尾的分铸式改进为整体铸造炮身的方法，使铸成的火炮最长达8米，同时也改善了火炮的闭气效果。其二是统一火炮规格。为了便于装卸和战场机动作战，法国的铸炮工场都铸造配附炮耳的炮筒，以及与炮身大小、重量相匹配的炮车，且固定制造规格。

英、意两国火炮研制的滞后

意大利虽然是近代科学的摇篮，但直到15世纪尚未统一。从1450~1500年意大利所使用的火炮中，还看不出其火炮改进的迹象。当时的火炮还没有配置炮耳，无法安置在炮架和炮车上。各种火炮的外表都是竹节型，型号、制造规格都不统一。

曾经在1346年的克莱西战役中以火器取胜的英军在15世纪没有出现使用火器制胜的战役，这同英国在此期间火炮制造的落后有密切关系。英国在"百年战争"中使用的火器主要从欧洲大陆进口，自己并未作任何努力。

克莱西战役中的火器

> 伟大的历史创造总有伟人的一份重要推力。炮改也不例外，国外总有那么几个有炮改情结的国王，正是由于他们的执着与努力，火炮的制造才得以完善。

欧洲其他国家的炮改情结

瑞典国王古斯塔夫二世的创新精神

1611年，17岁的古斯塔夫在血雨腥风的瑞典宫廷中登上了皇位。他可不是游手好闲的公子哥，他能言善辩，精通七国文字，能用四种语言直接参加外交谈判，哪种文字最能准确表达他的思维，他就选用哪种语言同对方对话。他的伶牙俐齿与机智善辩常常令对方拜服。

古斯塔夫二世

此外，他还是位有着沙场征战经验的将军。在瑞典新教徒同神圣罗马帝国的长期作战中，他身先士卒，作战勇猛。古斯塔夫在作战中特别重视炮兵的突袭作用。为了充分发挥火炮在战争中的作用，他决定对炮身笨重、行军缓慢、使用不便的旧式火炮进行彻底的改革，目的是提高军队的运动速度与火炮的机动性。通过试验和多方射击的对比之后，他决定采用火炮研制者瓦布兰特设计的"皮革炮"。以往火炮所射炮弹的弹丸是与发射火药分开装运与装填的。古斯塔夫为了提高火炮的射击速度，率先将弹丸与发射火药整装在一起，发射火药装填于弹筒内，弹丸装于弹筒的头部，两者整装一起成为炮弹。这样就大大提高了炮弹的射击速度和威力。

皮革炮

弗里德里希二世

普鲁士国王弗里德里希二世的炮改情结

1740年，普鲁士国王弗里德里希二世继承普鲁士王位后，便掌握了一支欧洲最训练有素、最有纪律的步兵。这支步兵因动作快捷，常使敌军闻风丧胆。

弗里德里希的一个重大创举是建制一个新的兵种——骑炮兵，给每个骑炮兵连装备炮身短、重量轻的两门榴弹炮和六门轻型加农炮。这种骑炮连机动性强，在战斗的关键时刻，以快速出击的方式协同步兵作战。

"七年战争"进行一年后，法、奥、俄、瑞典便于1757年分别从西、南、东、北四个方向进攻，企图瓦解普鲁士。面对危机，弗里德里希坚决抵抗，决定在敌军形成合围之势前歼灭最弱的法、奥联军。11月5日11时，法、奥联军进入普军的伏击圈。普军骑炮兵4000余人用炮火猛击法、奥联军，高地上普军的22门火炮也同时射击，法、奥联军受到毁灭性打击后立刻崩溃，普军从而打破了联军的战略包围。

俄罗斯与奥地利在炮改上的"争风吃醋"

俄罗斯的火炮在17世纪就有了一定发展。自彼得一世起，大力发展枪炮工厂，这为火炮的发展奠定了基础。俄罗斯在16世纪建立了莫斯科炮厂，俄罗斯工匠雅科夫于1483年铸造的青铜炮至今仍在彼得格勒历史博物馆中收藏。1697年后，他开始建立全国性质的火药工厂，分布在全国的主要城市，所有的枪炮制造工厂都按照统一规格设计、制造枪炮。俄罗斯的炮兵在18世纪末至19世纪初，按作战需要分为团队炮兵、

彼得一世雕像

野战炮兵、攻城炮兵和要塞炮兵，将炮兵编入步兵团和步兵旅内。到1853~1856年的克里米亚战争时，炮兵约占全军编制的1/3，共有2000门火炮，其火炮拥有量已与英、法、德等国家不相上下。

　　1812年8月18日，新任俄军总司令库图佐夫决定在通往莫斯科的通道博罗季诺村迎战拿破仑所统帅的法军。9月5~7日，库图佐夫率12万俄军、携640门火炮，在正面宽8千米、纵深3~4千米的阵地上，依托有利地形构筑完备的火炮阵地，伺机击敌。9月5日，拿破仑率13.5万法军、携587门火炮逼俄军进行会战，并攻占了舍瓦尔季诺多阵地。9月7日，双方千炮对射，战至18时，拿破仑无功而返，以炮火阻击法军的库图佐夫打破了拿破仑不可战胜的神话。

　　在拿破仑之前，奥地利炮兵成为了世界的榜样，

奥地利炮兵

其火药和弹药的质量也享有很高的声誉。法国著名的格里博瓦体系就是基于奥地利列支敦士登体改良的。奥地利的炮兵大多招募自德国，和大多数欧洲军队的情况一样，他们是义勇军而非正规军。奥地利炮兵的团队素质很高。1805年，奥斯特里茨战前，桑托维斯齐亲王指出，奥地利将军、军官甚至士兵脸上的焦虑神情令人印象深刻，炮兵们没有败给这股压力，并且表示对火炮的威力有绝对的信心（亚当·耶日·桑托维斯齐《亚当·桑托维斯齐亲王回忆录》）。1811年，奥地利组建了使用英国康格里夫火炮的炮兵。

唯一影响奥地利军队的是缺乏骑炮兵。奥地利的一些骑兵在1780年编成骑炮兵，这些机动部队通常装备新型6磅炮和7磅榴弹炮，炮兵们没有骑马的，一些坐在弹药箱车上，俗称香肠车。另一些坐在弹药箱车的特制座椅上。与其他部队相比，奥地利骑炮兵手没有独立的骑马队，而且他们还要冒着一定的风险坐在带有简易垫料

战场硝烟

的弹药车上，虽然他们无法追上骑兵，但远远快于步行的士兵。虽然士兵和火炮都很优秀，但他们在战斗中的效率不如英国或法国的骑炮兵。

1808年新的炮兵法规开始实施，香肠车被废除了，驮弹药的马被推广到每个骑兵连，显然这是为了提高作战的机动性。新

炮兵在战场上苦战

的奥地利炮兵组织拥有108个炮兵连、742门野战炮，意在提供集中火力打击敌人。但在实践中，这一宗旨并不总能实现。此外，炮兵专家与将领们产生的分歧往往会干扰工作效率。炮兵连的连长们被卡尔大公形容为大多都是年老与暮气沉沉的，并且缓慢地向更年迈的轨迹发展，对于这个问题，军方大众仍然倾向于视其为个别的不引人注目的一部分，而且将军们往往又缺乏正确使用火炮的经验。因此卡尔大公指出，炮兵作为多兵种合成的军队的一部分却遭到忽略（埃里希·冈瑟·罗森堡《拿破仑的劲敌》）。

踏破铁鞋无觅处
火药东游把经取

　　火药只有西游？非也非也。火药的东游算起来其实还在西游之前，火药和周边亲朋好友的交情匪浅，自从明朝大哥把"火药真经"送给朝鲜小弟，日本人也不甘示弱，在战争中偷师学艺，拜中国火药为"干爹"。阿拉伯人虽然离得较远，但也丝毫不逊色，立即"暴走"三万里来中国取经。由此可见，火药的辐射作用不止存在于外环，对于内环的影响力也是深远广泛的。

成吉思汗雕像

火药的东传之路

砲手军给蒙古人争了口气

火药的东传之路实际上始于蒙古军的西征。但是我们为什么又称之为东传呢？我们这里所说的东传是指在亚洲的传播，它并不是以中国在地图上的位置为中心点来划分的。因此，我们把火药在亚洲的传播统称为火药的"东游记"。

成吉思汗凭借"弯弓射大雕"被当作神一样地称颂，人们便以为蒙古的骑兵是靠马背和弓弩来征服天下的。实则不然，成吉思汗同时也是位重视军事技术的军事家。

当对领土有着强烈占有欲的成吉思汗把战争推进

到中原和西亚，甚至欧洲时，攻坚之战已成必然，而利用火器也是必行之举。成吉思汗从统兵南下之初就开始组建特种部队——"砲手军"，负责组建的将领大多由他在作战过程中亲自选定，装备的抛石机因袭宋军的建

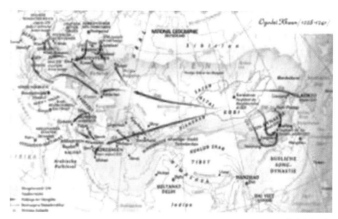

蒙古军西征

制。俗语说，男女搭配，干活不累。但遗憾的是，当时并没有花木兰一样的美女步兵出现来吸引成吉思汗的眼球，否则，历史上恐怕又会增加一段像梁红玉和韩世忠那样夫妻联袂作战的军事爱情佳话了。

成吉思汗在用兵中原后，也常常选募、"搜刮"善于造砲、用砲者编为砲手军。《元史》记载了蒙古砲手军的组建和发展，"始太祖、太宗征讨之际，于随路取发，并攻破州县，招收铁木金火等人匠充砲手"。在边作战边搜刮的有利情势下，砲手军终于在宪宗二年（1252年）编制成军，成了蒙古的"海豹特种部队"。砲手军在蒙古三次西征中发挥了无可比拟的作用，所以蒙古的各位统帅们都将其作为直接指挥的战略机动部队，它成为其制胜的秘密武器，其受重视程度可见一斑。我们可以将这种砲手军的地位比作当今热播美剧《尼基塔》里的"特工组织"，只是缺了那美丽诱人的尼基塔。

战争实践证明，当驰骋于旷野上的战骑在坚固的城堡之前不能施展其勇猛突击的威力时，只有先依赖砲手军抛射的巨石和火炮（即火球）打开城门，勇猛的战骑才能紧随其后而狂泻其充沛的能量，闪电式地冲入城内。1219年秋高气爽的季节里，成吉思汗深呼一口气，

微笑着端坐在龙椅上，准备下达胜券在握的西征命令。终于可以报太祖十四年秋那目中无人的花剌子模王朝羞辱自己的仇了！

花剌子模的羞辱

花剌子模国

1218年，成吉思汗根据蒙古和花剌子模两国达成的通商协议，派出由450人组成的大商队，用500只骆驼驮着金、银、丝绸、驼毛织品、海狸皮、貂皮等贵重商品，带着成吉思汗的信前往花剌子模。成吉思汗在信中写道，"吾人应使常行的和荒废的道路平安开放，商人们可以安全地和无约束地来往"（志费尼《世界征服者史》）。商队行至锡尔河上游的讹答剌城后，因守将亦纳勒出黑（号海儿汗）贪财，将商队扣留，并派人报国王摩诃末说，商队中有成吉思汗的密探。摩诃末在没有弄清事情真相的情况下，便下令处决商队成员，并没收其全部财物。亦纳勒出黑遵照摩诃末的命令，杀害蒙古商队成员，其中只有一人从牢里逃出，得以幸免，向成吉思汗报告了商队被害的经过。

成吉思汗的战书

成吉思汗攻打花剌子模时，要书记写战书。书记先长篇大论地写一大篇，他很不满意，打了书记十几皮鞭。成吉思汗对书记说，"你听着，我怎么说，你就怎么写"。于是战书改写成："你要战，便作战。"

蒙古军分四路进攻花剌子模国，形成合围之势，包饺子一样地把花剌子模国当成肉馅给捏了。瑞典史学家多桑在《多桑蒙古史》一书中写道，蒙古军在攻城战中，曾经使用过一种叫Matiere Combustibles的兵器，被翻译为"火攻之器"，实际上是由砲手军用抛石机抛射的一种火球之类的火器。哈翰斯在《九世纪至十九世纪蒙古史》中称，蒙古军在西征时用到了Stink-Pots和Primitive Cannon的武器，其实就是"毒火罐"，来攻城御敌。霍渥斯说蒙古军用来攻城的火攻器具还有一种叫Pots de naphte，被译为"希腊火"，是一种喷射沸油的纵火器械。1227年8月25日，成吉思汗在战争中走完了他英勇的一生，病逝于六盘山下清水县（今甘肃清水县）。伟人的逝世仅仅只是在生理上的离去，伟人的精神贯穿了整个蒙古民族。成吉思汗的后继者继承其遗志，继续率领蒙古军西征。1241年，拜塔儿所部蒙古军攻入孛烈儿（Poland，波兰），占领克拉科夫城；之后，蒙古军又进入西里西亚（今欧洲中部）境内。德国的西里西亚国王与波兰的国王组成一支三万人的德、波联军，抗击蒙古部队的进攻。作战中，蒙古军用火药箭与毒药烟球击败了德、波联军。

《多桑蒙古史》

蒙古军的三次西征把火药传入欧洲各个国家，甚至带到了东欧的一些国家。蒙古军动用了砲手军与火药箭部队，装备了最先进的火药箭、火球、铁火砲等火器，威力甚猛。亚洲和欧洲的人民从此才真正见识了火药，认识了火药，终于进入了"火药幼儿园"，开始了对火药知识的追求和学习。

至于火器、火药向朝鲜、日本和印度等国的传播，也是采取一样的路径——通过蒙古军的战争路线向对方传输。但火药究竟是如何进驻各个国家的？且看下回分解。

古老大炮

朝鲜火器和中国火器是亲戚

中、朝火药是怎样的关系

在东亚各国中，朝鲜的火药与中国的火药关系最为亲密，中国火药是朝鲜火药和火器技术的祖师爷。宋、金、元朝的阶段相当于朝鲜的高丽时代后期，骑马的蒙古人在漠北一枝独秀，与宋朝和金朝的多次决战让勤奋好学的蒙古人掌握了火器技术，再凭借其骑兵的优势，得以东征西讨，横扫欧亚大陆。1231年，蒙古人借口其使节在高丽境内被杀，遂出动大军，携带火炮杀入高丽境内，以武力迫使高丽成为元朝附属国。从此，高丽人步入了火药的滚滚浓烟之中。

据《高丽史》卷44记载，高丽恭愍王二十二年（1373年）11月，恭愍王廷派密直副使张子温到中国请求明廷颁降船上合用器械（指火器）、火药、硫黄、焰硝等物……以济用度。1280年，元朝又以征讨日本为名在高丽设立征东行省，直属大汗节制。元朝"政治局委员们"冥思苦想出"以夷制夷"的提案，从当地抽调步兵、水手25000人，并以火器装备高丽军队，从此高丽士兵掌握了使用火器的技术。1368年明朝建立后，高丽人深谙"做人的方与圆"，与中国亲善，不为中国边患，但明朝更重视的是其"北接于虏，南接于倭"，其特殊的地理位置在军事上具有牵制日本、蒙古、建州女真的战略作用，因而明朝非常重视与高丽的关系。

恭愍王

朝鲜致力于火器事业

洪武二十五年（1392年），高丽大将李成桂从"反贼"一跃成为"主公"，自立为王，建立朝鲜王朝，与明朝关系日益亲密。明朝待朝鲜如亲兄弟般，以儒家经典授之，以互市利之，以兵力震之，双方一直保持友好关系。中、朝两国的君子协议中的重要内容就是继续供应朝鲜大量火药和火器。究其原因，是因为中国在武器输出方面的作为正如今日的俄罗斯，是绝对的卖方市场，享有一些独特的专利和技术。由于广泛吸取中国的技术，朝鲜成为仅次于中国的火药、火器最发达的古代亚洲国家之一。

当时日本还没掌握火药、火器，为防止军事机密外传，朝鲜严格禁止在沿海煮硝，以防日本人嗅觉太过灵敏，闻到了火药的味道。

只是勤劳的朝鲜人民对于火药太过执着，以致时至今日还绝不放弃对核武器"爱的供养"。当时，日本古代版"海贼王"屡屡来犯朝鲜，明朝大哥则给予朝鲜大

李成桂

左上：高丽出土的洪武手铳　　右上：国内出土的高丽手铳
左下：高丽出土的永乐手铳　　右下：国内出土的永乐手铳

量的军援，调拨大批的火药和火器。仅1374年明朝政府一次就向朝鲜调拨焰硝250吨、硫黄50吨及各种火器。1380年，配备火器的朝鲜军队以罗世为海军元帅，崔茂宜为副帅，与500艘来犯的倭寇战船展开激战，一举消灭敌人，取得大捷。

在这次水战中立下赫赫战功的是元朝时移民到朝鲜的中国人罗世。他智勇双全，身先士卒，与其他朝鲜指挥官配合默契，使倭寇闻风丧胆，其英勇事迹至今还在朝鲜人民中流传。到明代中叶，倭寇日益猖獗，时有船漂至朝鲜海面，朝鲜坚持"辄捕以献"，深得明朝嘉赏。这也就是为什么当朝鲜遭到外族侵犯明朝出兵支援的原因。

崔茂宜（1325~1395年），全州人，是朝鲜火药、火器技术的奠基人，1352~1374年间担任军器监判事，深知火器在战争中的作用，极力主张自行制造火器。正好此时从中国南方来了焰硝工匠李元，他受到崔茂宜的礼遇，遂将煮硝合药之法传授给朝鲜人。1377年，崔茂宜奏设火桶都监，主制造火药、火器，造大将军、二将军、三将军火炮及火铳、火箭、蒺藜炮等，皆模仿明朝制式，并仿照明朝军队中的神机营，成立掌管火器的特种部队。

万历十九年（1591年），日本丰臣秀吉率兵15万人入侵朝鲜。万历二十年（1592年），朝鲜向明朝求援。明军出师朝鲜，与侵朝日军展开艰苦战斗，于万历二十五年（1597年）打败日军，肃清侵朝倭寇。

朝鲜也有手铳

频繁的战乱增加了朝鲜军事技术家与统兵将领的作战经验，加速了火器制造与实用技术的研究。自16世纪起，以手铳为龙头的火器制造与使用技术得到了前所未有的发展。朝鲜在这一时期所制手铳种类繁多，有长管多箍型手铳、短管少箍型四箭手铳、仿火绳枪型手铳、两管并列手铳、仿明朝洪武手铳等。16世纪后期占主导地位的是胜字号系列手铳。胜字号系列手铳在形制、构造上可划分为六种基本类型。

第五型胜字手铳

第一型胜字手铳自铳口到药室前有七八道箍，口径20~30毫米，长度约为500毫米，铳身大多镌刻有铭文。

第一型胜字手铳

第四型胜字手铳

第二型胜字手铳有四五道箍，口径约16毫米，现存制品12件，但11件无制造纪年，有制造纪年的那支手铳口径20毫米，全长约480毫米。铳身刻有"第一百十一 万历二十年三月一日"等字样。

第三型胜字手铳被火器学者称为"四箭手铳"，有四五道箍，铳身长约260毫米，口径23毫米，膛长168毫米。

第四型火铳没有箍，长短不一，后部有照门，前端有准星，多为小型。

韩国和日本学者称第五型手铳为"双字胜字手铳"，铳身有两支平行并列的铳筒铸合而成，铳身有口沿唇，前后都有两道箍，铳膛较长，药室没有明显隆起，尾部有手柄。

第六型手铳与洪武手铳完全相似，到底是属于仿作还是由中国人带入，还有待考证。

中国和日本的"火药"交情

弘安之役

　　中国和日本隔海相望，元朝之前未曾兵戎相见。元世祖忽必烈即位后，时值日本镰仓幕府（1185~1333年）执政，忽必烈数次派遣使节前往，均遭拒绝。忽必烈大怒，于1274年派遣三万余人东征日本，日本出动十万军队迎战。元军人少，但有火器在手，得以在战斗中取得局部胜利，但是毕竟不熟悉水战，又遇飓风，遂仓促退兵。这是日本境内首次遭到火器的袭击，史称"文永之役"。1281年，忽必烈再派遣14万大军兵分两路东征日本，结果又遇飓风，又值军中疫病流行，遂无功而返，史称"弘安之役"。日本利用蒙古军队不习水战，得以击败在欧亚大陆横行无阻的蒙古大军。但是蒙古军队的进攻，特别是威力强大的

　　中国和日本交情源远流长。且不论是良缘还是孽缘，终究也有对峙的时候。日本因为蒙古军的征战而尝到了火药的苦味，此为缘起。但是日本并没有在节节败退中萎靡不振，相反偷窥了很多军事机密。

火药、火器，使日本武士受到很大震动。日本《蒙古袭来绘词》（1292年）中描绘了"弘安之役"的情景：盛有火药的铁罐爆炸后向日本武士飞来，冒出黑烟和闪光，伴随震耳欲聋的响声，日本武士慌乱，人马死伤惨重。

明正统以后，东南沿海地区深受倭寇之害。时值日本国内南北朝期间，战争频仍，北朝统一后，南朝失败的政客、武士、浪人结成海盗，剽掠于日本、朝鲜和中国沿海。同时明朝内部存在大批流民，流入沿海各地，进行海外贸易或海盗活动。而在明朝沿海地区的贵官势豪或大姓舶主往往为贪利之徒。明朝政府执行闭关政策，出海贸易和外国贡市都受到严格控制，无法满足日本及中国沿海对外贸易的需求，中、日海盗集团遂勾结明沿海势豪进行武装走私活动。走私之不足，继之以武装掠夺，遂成为沿海地区严重的外患，至嘉靖朝最烈。

因为日本倭寇在侵扰中国和朝鲜沿海的时候，受到火器的痛击。从此以后，日本想方设法通过朝鲜了解和掌握火药技术，引起朝鲜政府的警惕，朝鲜政府下令严禁沿海各道"将火药秘术教习倭人"。明朝政府也实行了严厉的海禁政策，这种技术上的封锁在一段时间里取得了成效，使日本在火药和火器方面暂时落后于亚洲大陆，主要是中国和朝鲜等国。

日本铁炮之始

随着中、日贸易的恢复和发展，双方物资交流增加，日本出口货物中以硫黄和铜为大宗商品，1403年一次就卸下硫黄5吨，这些硫黄成为中国制造火药的原料。更主要的是由于中国海盗与日本倭寇勾结在一起，使得日本有机会接触到火药、火器技术，并进一步掌握，在这方面，中国海盗充当了重要角色，如徽州海盗首领许栋和汪直等。

自嘉靖朝始，中国海盗大举入日本。徽州海盗首领汪直曾在广东沿海造巨船，运载硝黄、丝绵等违禁物品抵日本、南洋各国，往来互市，积累财富，夷人大信服之，称其为五峰船主。他在日本平户营造唐式之屋居之，自是中国商船往来不绝。他自称"徽王"，部署官属，控制要害，而三十六岛之夷，皆其指使。根据日本南浦文之玄昌在《南浦文集》中的记载，天文十二年（1543年），有艘装载百余人的船只在日本登陆，船上有配备火器的中国徽州海盗首领汪直和葡萄牙人，日本人购买火器并向船上人学会了火药、火器之法。日本史家称此为"日本铁炮之始"。从此，火药和火器便在日本发展起来。而日本的烟火也由中国传入，技术和设备均与中国相同。

阿拉伯国家和南亚的不耻下问

阿拉伯民族的文化也是红极一时，他们的科技文化发展势头迅猛，但是在火药的研制方面没有进展。阿拉伯国家在西征之后千方百计把中国火药的秘密弄到手，从此心里开始了它自己的小九九。

黑衣大食的黄金时代

阿拉伯帝国是多民族国家，中国人称其为"黑衣大食"。阿拉伯人在数学、天文学、物理学、化学、医学等方面都取得了重要的成果，在军事技术方面也得到了长远的发展。

阿拉伯人窥得炼丹士的手艺

阿拉伯人窥探到中国火药的秘密归功于炼丹士们。据记载，唐肃宗时，有个波斯化学家李珣（号李四郎），是个炼丹士，以卖香草为业，但对淮南王刘安炼秋石之

黑衣大食即阿拔斯王朝（750~1258年），因其旗帜尚黑，故中国史籍称其为"黑衣大食"。阿拔斯王朝时期乃是阿拉伯的黄金时代。

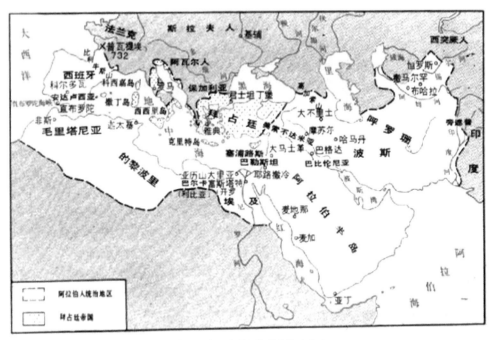

公元732年左右的阿拉伯人统治地区

法颇有研究）来华留学，攻读炼丹著作方向，并在四川炼丹实验基地实地考察。《太平广记》也记载了此事，还提到他将丹药卖给西域胡商。可见，阿拉伯人自8世纪中期开始便向中国人学习炼丹术，把炼丹的药材和炼制出的成品通过商贸的渠道传入阿拉伯。

《太平广记》

　　真正让阿拉伯人见识到火药为何物是在蒙古军西征之时。蒙古军的三次西征让阿拉伯国家听到了奇声异响，感官顿时激动起来。但是，阿拉伯人在这个年代只是有着对火药的感性认识，从形状上认识了火药到底是个啥。大约在7~13世纪，阿拉伯人在同中国人的友好交往中才渐渐摸出了门道。在此期间，阿拉伯人学到了有关硝石的药物和化学性质的知识，并掌握了硝石的提纯技术，为掌握火药技术打下了基础。经过积累，阿拉伯人终于在13世纪40年代制造出含硝的纵火剂。在当时，宋廷对硝石这种违禁品的监管十分严密，堪比今日的毒品监管，不准"私市硫黄、焰硝及以卢甘石入他界"。所以，阿拉伯国家在很长一段时间都不能从中国获得硝石与火药，在战争中使用的兵器主要是刀、矛、弓、弩、抛石机以及不含硝的纵火剂，始终拿不到核心技术与工艺。

青出于蓝而胜于蓝

出生于1265年的哈桑·拉马·纳扎姆丁·阿赫达卜在其成书于1280~1295年的著作《马术和战争策略大全》中，列出了当时阿拉伯人所研制的不少火药配方，其中的含硝量略高于近代黑色火药，且与中国传统火药配方相似，所用药料有"中国红信"（雄黄）、"中国铁"（铁屑）、白铅、乳香等。其成品名称有中国花、中国起轮、茉莉花、月花、日光、黄舌等。这些配方中的硝、硫、炭的配比与中国的火药配方比例极为相近，他们在学习中国火药配方的基础上，略微改进和提高，推进了初级火药的发展，因地制宜地发展了适合阿拉伯国家使用的火药。

阿拉伯人在改进火药的基础上，也制造了初级火器。此后，阿拉伯人制造出了木质管形射击火器"马达法"，它与中国的飞火枪、突火枪是同宗同族的一系列射击火器。马达法传入欧洲后，便由欧洲人改进为金属管形射击火器"手持枪"，马达法是中国火枪传入阿拉伯和欧洲的毋庸置疑的证据。

火药、火器传到阿拉伯

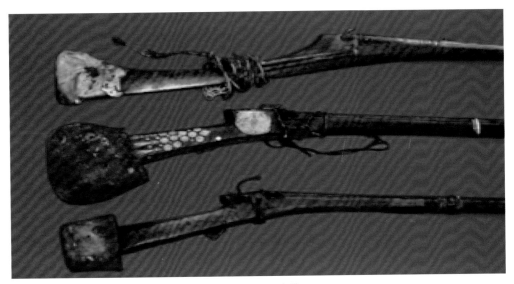

阿拉伯的初级火器

南亚的火药学习都比较温文尔雅，都是君子动口不动手，他们的学习过程没有"壮士一去不复返"的寒意，也没有激烈学习的欲望。历史怎么安排，他们就怎么前进。

柬埔寨从观赏中国烟火中取得真经

我们先来说说火药在柬埔寨的"拜访"之路。柬埔寨属于南亚国家，地处中南半岛西部，与老挝、越南、泰国为邻。中国人曾多次对柬埔寨更名，汉朝叫扶南，宋朝称真腊，元朝又说甘孛智，明朝才喊出一句"柬埔寨"，从此，一锤定音。

《真腊风土记》

中国火药是以节日烟火观赏的形式向柬埔寨流传的。元贞元年（1295年），周达观出访柬埔寨，两年后回国写成《真腊风土记》一书。书中描绘了他在1297年与真腊京城吴哥宫内观看烟火的场景。夜幕降临时，国王被请来观看烟火表演，盛大庄重，其间所有花费由各

公元前214年，秦始皇平定岭南，征服百越，越南置于象郡辖下。公元前112年，汉朝灭掉秦末农民战争时赵佗建立的南越国，设交趾部。

地的贵族们分摊。由此可见，柬埔寨在13世纪末已经引进了中国的烟火技术。

据《真腊风土记》记载，为了制造烟火与火药，柬埔寨向中国购买硫黄、焰硝等物料。这一记载不但表明中国盛产的硝石与硫黄至迟在13世纪末已销至柬埔寨，而且还销售到了老挝、缅甸、泰国，乃至更远的地区。

中国火药在越南和爪哇

越南，古称交阯或安南，自秦汉至南宋乾道九年为"郡县时代"。

1257年，忽必烈派使臣赴安南（越南故称）劝降，却被安南国王所囚，忽必烈以此为辞，派蒙古军从大理沿红河侵入升龙（今越南河内）。之后元军由于遭到安南军的顽强抵抗而撤回大理。1284年，蒙古军第二次进犯安南，攻陷升龙，并由海路攻取占婆（今越南中南

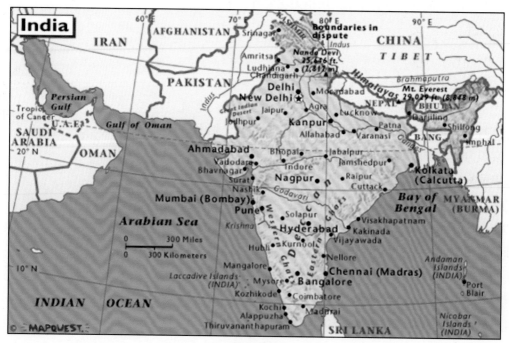

战争版图

元军与安南军的海上之战

部）。次年，安南军收复升龙，击溃元军50万，元军败撤回国。1285年、1287~1288年，元军三次出兵安南，又败撤，元军所装备的火炮、火药箭等火器也随之传入安南。但是，此时的安南军只是见到了火器，并未对此进行研究。

爪哇在中国、印度和阿拉伯的古代文献中是指印度尼西亚群岛。1292年，统治爪哇的新柯沙里王朝被推翻。当年2月，忽必烈乘虚而入，派使臣孟琪之到爪哇劝降，爪哇当局对孟琪之施以黥刑，忽必烈一怒之下，命史弼、高兴等率福建、江西、湖广三行省兵两万多人，战船千艘，自泉州出发进攻爪哇，次年在爪哇登陆。

罗登·韦查耶借元军之力将各个敌对势力一扫而尽，创建了麻喏巴歇王国。元军于1294年撤出爪哇。在这次战争中，爪哇人见识了火器的威猛，从此认识了火器的面目。

黥刑又叫墨刑，就是在犯罪人的脸上刺字，然后涂上墨炭，表示犯罪，以后再也擦洗不掉。如秦末农民起义英雄之一的英布，曾被秦始皇处以黥刑。因此《史记》中称他为"黥布"，他的传记就叫《黥布列传》。

不畏浮云遮望眼
只缘谣言平地起

　　火药西游、东游之后，却给自己惹上谣言之祸。中国为火药发明国一事，遭受前所未有的严厉质问。拜占庭人凭借着神秘的火焰击退了阿拉伯人的进攻，深受其苦的阿拉伯人心惊胆战地将之称为"希腊火"，而拜占庭人自己则称之为"野火""海洋之火"。但是，"希腊火不是火药，海洋火为火药"也只是谣传。与之相类似的还有，人们误认为印度是火药的发明国，甚至将培根认作是火药的发明者。这些纯属以讹传讹。

战争中的"希腊火"

"希腊火"是希腊的火吗?"希腊火"究竟是火还是火药?有"砖"家拍着砖头说"希腊火"就是火药,这一说法真实可靠吗?且来看看这些忽悠们是怎么"卖拐"的吧。

"希腊火"究竟为何物

"希腊火"是一种不含硝的燃烧剂,西方一些火器史研究者说它是早期火药,这是没有根据的。不能因为"希腊火"是冒烟的火,就把它和火药归为一类。我们在归类时,要有理有据,比如归类瓜类水果时,不能因为桃子肉甜多汁,就把它归为瓜类水果。同样的道理,不是冒烟有火花的就可以归类为火药。"希腊火"是由阿拉伯人创制、后经希腊人改制、并于公元前5~4世纪被用于作战的武器。它是火药发明前所用的一种主要火攻器具。"希腊火"的配方甚多且广为流传。公元前350年,希腊战术家泰克梯科斯曾记下了一个配方,其成分有硫黄、沥青、松脂等引火物及麻屑等易燃物。经希腊人改进后的"希腊火"又反传到阿拉伯和印度。

据说印度人在公元前326年,曾经用"希腊火"有效地抗击了亚历山大大帝的进攻。欧洲战场上使用"希腊火"的较早记载是在公元前424年大流姆的攻防战、公元前304年罗得岛的攻防战中。11~13世纪欧洲十字军东侵阿拉伯时，双方在作战中都曾把"希腊火"作为火攻器具。但是，经过人们考证，"希腊火"的主要成分有蜜脂、硫黄、木草、兽脂、松香、石脑油、沥青、粉状金属物等，但因为缺乏火药的主要成分硝石，所以不能称其为火药。

《圣路易王史》中关于"希腊火"的解释

据记载，直到欧洲十字军第七次东侵时，阿拉伯人才使用含硝的"希腊火"，用带长尾羽翼的箭射向敌阵，其威力远大于不含硝的"希腊火"。只见飞行的箭如火龙经空，似闪电疾驰，火光照耀，变黑夜为白昼，十字军终于被击退。而此时的中国已经使用火药、火器200年了，并在初级火器的基础上进行改进、发展至管形火器的阶段了。

西方学者把"希腊火"说成是早期火药的另一根据便是希腊人马克于8~9世纪写成的《焚敌火攻书》，书中列有一些火药配方。但是学者们经过多年的研究，否定了这一说法，原因有三：其一，所谓希腊人马克并非真有其人；其二，该书并非一人一时之作，而是由阿拉伯人相继增补而成；其三，该书写成于13世纪末至14世纪初，而不是8~9世纪。

海之火

"海之火"的战神地位

678年6月25日清晨，拜占庭帝国的首都君士坦丁堡处于岌岌可危中，被阿拉伯人围困多日的帝国心脏若是被攻克，阿拉伯军队便可长驱直入，席卷欧洲。阿拉伯舰队声势浩大，并且装备有优良的攻城器械，而拜占庭一方却只有几十艘战舰，剩下的便是一些小船。但结果令人大跌眼镜，拜占庭人凭借被水喷洒于其上而不会熄灭的火焰扭转了战局，打了以少胜多的漂亮一仗。这场胜利之仗意义重大，当代著名拜占庭学家奥斯特洛格尔斯基认为，这一胜利使欧洲免遭阿拉伯军队的蹂躏和伊斯兰教文化的征服，其重大的历史意义远远超过胜利本身，它可以被视为世界历史发展的一个重要转折点。717年，拜占庭人再次凭借它击退了阿拉伯人的进攻，深受其苦的阿拉伯人心惊胆战地将之称为"海之火"。

拜占庭帝国舰队用"海之火"摧毁阿拉伯舰队

"海之火"是一种以石油为基本原料的物质。据称它是在668年被一个名为佳利尼科斯的叙利亚工匠带往君士坦丁堡的。对于"海之火"的配方和制作方法，后世知之甚少，原因在于拜占庭皇室的严格保密措施。为了保住自己的"救命武器"，拜占庭研制和生产"海之火"都在皇宫深处进行。拜占庭人对"海之火"的配方极端保密，为了防止敌人窥探到相关秘密，甚至很少应用。不过，阿拉伯人通过多种途径最终掌握了"海之火"的技术秘密。虽然他们对它讳莫如深，但有了一定记载。参考这些记载，可以总结出"海之火"的四大特点：它可以在水上燃烧；它是液体；它用类似于虹吸管的装置喷射；它很可能在喷射的时候发出巨大的轰鸣声，并伴以浓烟。根据这些资料，我们大致可知"海之火"以可燃并且比重较小的轻质石油（俗称石脑油）为主体，在制作时混入一定比例的硫黄、沥青、松香、树脂等易燃物质，通过加热而熔为燃烧性能极佳的液体，可以在水面漂浮和

拜占庭宫殿

拜占庭地图

燃烧，并且容易附着在敌船或者落水士兵的身上。但是上述配置方法都需要人点燃后才能使用。

"海之火"的传说

在"海之火"的起源上，拜占庭人流传着一个传说：帝国的创立者查士丁尼大帝为了恢复昔日罗马帝国的容光而面容憔悴，为此，他向上帝虔诚地祈祷；上帝被他深深地打动了，遂派一个天使，用耳语把"海之火"的神秘配方传授给了他。传说不足为信，但我们相信的是火的运用以及与科技发展的结合才是"海之火"登上历史舞台的基本动力。向阿拉伯人泄露"海之火"机密的是拜占庭人自己，最有泄密嫌疑的是逃到西西里的拜占庭的叛将优傅穆留斯。他在827年用"海之火"的秘密作为条件，换得艾格莱卜

火器"吐火"

人的支持，凭借这件新武器的实力，艾格莱卜人成为西西里岛的第一批阿拉伯主人，并将之作为一份宝贵的遗产留给了他们的征服者法蒂玛人。"海之火"在法蒂玛王朝灭亡之后得到了更加广泛的传播。在应对欧洲十字军的战争期间，阿拉伯人曾多次使用"海之火"，饱受阿拉伯人"海之火"之痛的西欧人也在后来洞悉了"海之火"的奥秘，并很快地投入了运用。

　　据史料记载，"海之火"在西方的第一次运用发生在1151年，当时有美男子之称的法国安如伯爵杰弗雷五世统治境内发生叛乱，杰弗雷率军镇压，攻打蒙特利由伯里城堡三年不成，最后动用了"海之火"。杰弗雷将"海之火"装在铁坛之内，加热之后用投石器掷向敌人，对方旋即投降。"海之火"在十三四世纪被另一种火药武器所代替。火药中的关键成分是硝。"海之火"虽然含有硫、炭和其他可燃物，但因为缺乏作为氧化剂的硝石而不能成为火药混合物。故而，"海之火"只能依靠空气中氧的助燃作用才能燃烧（必然会出现能量耗散的问题），而火药却可以在无氧的情况下燃烧，因此产生的威力更大。恩格斯曾说，火药是注定使整个作战方法改变的新因素，而曾经横行一时的"海之火"也退居到历史的幕后。

发射中的火器

印度泰姬陵

度不是火药发明国

印度是文明古
国，这一点毋庸置
疑。但文明古国只是
火药发明的基本条
件，究竟火药是不是
印度发明的？让我们
来揭开历史的面纱。

为什么说印度不是火药发明国

印度位于南亚次大陆，是世界文明古国之一。中国自玄奘所著的《大唐西域记》始称其为印度，此前名字有"身毒""天竺"等。印度人和火药第一次的亲密接触源于蒙古军1221~1222年追击扎兰丁的时候。据印度有关火药与火器的历史记载，印度至少在1400年前并未制成火药与火器。然而也有一些说法，指印度早在公元前4世纪就已经于战争中使用火器，印度是火药发明国。这些说法被许多学者的深入研究所推翻。

不可能之一：印度没有用火器抗击马其顿军的进攻

有些西方学者称，印度军队在公元前4世纪就开始使用火器。因为书里讲了这样一个故事：从前，有个皇帝叫马其顿王亚历山大大帝，他在公元前326年率军东使印度的旁遮普时，在海法西斯河与恒河流域之间遭到了印度人的顽强抵抗。据说这些人从城壁里发射了惊雷似的怪物，击退了侵略者的进攻。火箭学研究者西里据此推论，这些发出惊雷似响声的武器就是火器。

然而，印度史学家恩·克·辛哈和阿·克·班纳吉所著的《印度通史》中记载了印度人抗击马其顿军队入侵的战争过程。公元前326年，亚历山大大帝向海法西斯地区推进，逼退了沿途的一些小公国。但因为天不遂人愿，天气炎热导致瘟疫流行，难以前行。与此同时，统治恒河流域的难陀王正率领大军严阵以待，亚历山大大帝获此信息主动撤退。可见，当时印度还没有火器，没有炮兵小分队。

恩格斯在《炮兵》一文中指出，印度人似乎在亚历山大大帝时代就已在军事上使用某种烟火剂。……但绝不是火药。

《印度通史》

不可能之二：印度古文献中没有关于火器的记载

有些西方学者说印度古文献中就记载着火药、火箭的信息。原因在于翻译问题。1776年，英国哈尔海德在将公元前300年成书的古印度《摩奴法典》译成英文时，使用了火炮（canon）和火枪与各种火器（gun and any kind of firearms）等词汇。

从此，印度就被绯闻缠身，最后竟逐渐形成了印度在公元前300年就已经使用火器的说法，实在是非常令人不解（难道八卦是人类的共性）。究其原因，是翻译惹的祸，哈尔海德本人不懂梵文，只好以波斯文

汉译世界学术名著丛书

摩奴法典

《摩奴法典》

本的《摩奴法典》译成英文，故其在错误上的疏漏在所难免。

不可能之三：印度军队在13~15世纪还没有装备火器

1441年，印度驻萨卢库大使称，印军曾于伦坦堡的攻城战中用战象兵向回教徒兵发射石脑油投掷器，发出了大量火花。之后，印军又于1398~1399年的巴特米守城战中使用石脑油投掷器同敌军作战，矢、石与火焰如大雨一般倾注到攻城敌军中。萨卢库以此为据，认为印军在这两次作战中使用的石脑油投掷器类似西方传来的"希腊火"，而非火药。

罗吉尔·培根（Roger Bacon），1214~1292年，出生于索墨塞特郡的依尔切斯特，英国唯物主义思想家、伟大的科学家。他的著作很多，著名的有《大著作》等。罗吉尔·培根是近代实验科学的先驱。他积极主张并且从事科学实验活动，认为观察和实验才是获得真知的唯一方法。

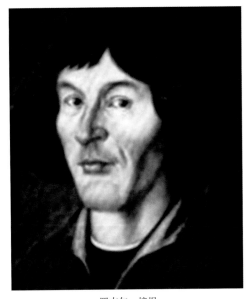

罗吉尔·培根

培根不是火药发明者

此"培根"非彼"培根"

罗吉尔·培根（Roger Bacon，1214~1292年）不是食物培根，也不是说"知识就是力量"的英国著名哲学家，而是《大著作》《小著作》与《第三著作》等的作者，是英国唯物主义思想家、伟大的科学家。

罗吉尔·培根被普遍误认为是火药的发明人或首位记载者。《不列颠百科全书》这样说，He was the first European to describe in detail the process of making gunpowder（他是第一个详细讲述制造火药工序的欧洲人）。1905年，英国的一位火炮史研究专家海姆以培根的*Epistola Fratris Rogerii Baconis, de secretis*

有名的培根不少，让大家引起误会的培根却只有这一个。但是火药是不是培根先生的杰作？为什么海姆要把培根说成火药的发明者？

《不列颠百科全书》

operibus artis，*et naturae*，*et de nullitate magiae*第一章
"信"的最后一段密语为依据，加以臆测增补后说，
这是"最早的火药配方"。这段密语的原文为：LURU
VOPO VIR CAN VTRIET。

这段原文的意思在相当长的时期都没有被人破译。
然而，海姆就像魔术师一样，将这段密语重新排列之后
加上几个字母，就变成了一份英文的火药配方：

But take 7 parts of saltpeter，5 of young hazelwood
and 5 of sulpher.

将此英文译成中文后，就是一个含硝7、炭5、硫
5的火药配方，再按这个配方就可以制成硝、炭、硫的
组配比率为41.2%、29.4%、29.4%的火药。

海姆的解密

1904年，海姆中校发表*Gunpowder and Ammunition: Their Origin and Progress*一文，主要论述火药枪弹的起源和发展历史。他将古希腊、阿拉伯、印度、中国等发明火药的可能性全部剿灭，然后解密罗吉尔·培根的书信：把密文部分——几个含义不明的词的所有字母重新排列，重新分隔，再添加上一些字母，火药的配方就出来了。至于字母排列与添加字母的规则，只有海姆中校自己晓得。

科学史家乔治·萨顿评论道，说到培根，没有理由把火药的发明归功于他。作为这种归功依据的书信集的这一部分是有问题的。尽管整个《书信集》不是如此。被说成含有火药配方的秘语，没有任何手稿上的依据，而对秘语所作的破译则是捕风捉影的。

旧时王谢堂前"烟"
飞入寻常百姓家

火药在战场上具有战无不胜、攻无不克的战神地位，可是它不单在战场上威风了一把，在民间也有着很好的口碑。火药经智慧的中国人民改造，创造出五彩缤纷的烟花和炮竹，给人们的佳节喜庆之日增添更多光彩；在采矿业上，纳米炸药、乳化炸药也发挥着不可替代的作用。随着科学技术的日新月异，火药取得了令人艳羡的成绩，在创新的康庄大道上越走越稳……

火 药也文人了一把

> "听青春/迎来笑声/羡煞许多人/那史册/温柔不肯/下笔都太狠/烟花易冷/人事易分……"由林志炫翻唱的《烟花易冷》让他一夜爆红。伴着悠长的曲调，和着缠绵的歌词，让我们一起走进"烟花"的文艺世界……

烟花诗

　　唐宋八大家之一——王安石曾在《元日》中写道："爆竹声中一岁除，春风送暖入屠苏。千门万户曈曈日，总把新桃换旧符。"这首诗很生动地再现了春节期间，人们贴春联、放爆竹的热闹场面。其实最早记载烟花的诗句并非出自王安石之手，而是为人们大为传唱的《诗经》。在《诗经·小雅·庭燎》中，有这样一个诗句：庭燎晰晰。庭燎是指古人将竹子、草或麻秆捆绑在一起燃放，使夜晚在亮光的照耀下如同白昼，以达到照明与驱邪的效果。这可能是中国最早燃放爆竹的事例。

可见，火药在中国的演变很早就依托于"烟花"这种形式。

下面，我们就来领略一下各朝代写烟花的诗人们的浪漫才情吧。

青玉案·元夕
南宋·辛弃疾

东风夜放花千树，更吹落，星如雨。宝马雕车香满路。凤箫声动，玉壶光转，一夜鱼龙舞。

蛾儿雪柳黄金缕，笑语盈盈暗香去。众里寻他千百度，蓦然回首，那人却在，灯火阑珊处。

赠放烟火者
元·赵孟頫

人间巧艺夺天工，炼药燃灯清昼同。柳絮飞残铺地白，桃花落尽满阶红。纷纷灿烂如星陨，燀燀喧阗似火攻。后夜再翻花上锦，不愁零乱向东风。

生查子·元夕
北宋·欧阳修（一说朱淑真）

去年元夜时，花市灯如昼。月上柳梢头，人约黄昏后。今年元夜时，月与灯依旧。不见去年人，泪湿春衫袖。

花炮始祖李畋的雕像

烟花的"寻根"之路

"烟花"三月下浏阳

在这个世界上,凡是有华人居住的地方,遇到喜庆之事,像盖房上梁、儿女婚嫁、乔迁新居、店铺新开业,都要燃放鞭炮,以图吉利。特别是在元旦、除夕、元宵节等节日,鞭炮声更是响彻天际,带有普天同庆的味道。民间有很多关于烟花鼻祖的故事,其中"爆竹祖师"李畋的故事最为盛传。

关于李畋,有两个说法。一个说法是:他曾师从孙思邈采药炼丹,用火药做成了花炮,在炼丹时引爆了。他将此方传授给当地的花炮工人,并逐步改进爆竹,由竹筒改为纸筒,火药由黑药改为白药,产品也由单一爆竹产品发展为各种烟花、礼炮,推动了烟花爆竹业的发展。

另外一个说法是：李畋出生在江南西道袁州府上栗麻石，生于唐武德四年（621年）4月18日。相传在1300多年前，南川河两岸时闻有人被山魈所害，连唐太宗李世民都被惊扰得龙体不安，于是下诏全国求医。湖南浏阳南乡大瑶的李畋费尽苦心研制出爆竹，它不仅用来驱祟避邪，保护一方平安，更为太宗驱镇邪魅。李畋救驾有功，因此被唐太宗敕封为"爆竹祖师"。

民间传说反映了中国人民美好的愿望。但据史书及相关的文学书籍记载，在唐朝已有了烟花的发明，在北宋宣和年间（1119~1125年），我国以火药为原料的真正烟花发展成熟，并已有了大规模的成架烟火。

中国烟花爆竹的诞生、发展过程充分体现了以花炮始祖李畋为代表的中国人民的无穷智慧，展示了我国民族传统文化的博大精深。它是中国人民发明的艺术结晶，也是中国人民智慧的表现。

烟花

烟花

烟花的发展

春节期间，华灯璀璨，锣鼓齐鸣。鞭炮声像海上的浪花一样此起彼伏，为沸腾的大地奏起了欢快的圆舞曲。顿时，照亮了夜的黑暗，打破了夜的沉寂。

那么，燃放爆竹是怎么开始又怎样流传的呢？

古卷最早的记载是中国民间有"开门爆竹"一说，即在新的一年到来之际，家家户户开门的第一件事就是燃放爆竹，以噼噼啪啪的爆竹声辞旧迎新。爆竹为中国特产，其演变过程也彰显出我国劳动人民的惊人智慧。最初的爆竹其实只是用火去烧竹子，使之燃烧发声，即人们将一支长竹竿点燃，或将一串串竹节挂在长竹竿上燃爆，当时被称作"爆竿"。

后来，随着纸的发明与使用，加上执着的炼丹士渐渐发现硝、硫黄与炭可以组成火药的基本成分，于是到了唐朝，成仙之风盛行，炼丹士也费尽心思研究这种神药。结果"无心插柳柳成荫"，炼出了火药。"药王"孙思邈（581~682）最早记述了把硝石、硫黄、含炭物质混合在一起创造火药的"硫黄伏火法"。火药用于爆竹也就逐渐开始。最初是将火药装入竹筒里燃放，后改进为用卷纸裹着火药来燃放，爆竹也改名为"爆张"或"爆仗"。到了宋朝，不仅纸制爆仗兴盛，而且烟花也成为节日必需之物。

烟花种类数不清

新中国成立60多年来，每年国庆节都举办大型的焰火晚会，邀请外宾共度良宵。

烟花一般分为礼花弹、组合烟花、罗马烛光、架子烟花、喷花、火箭、旋转烟花、水上烟花等。其中，礼花弹有牡丹、菊花、锦冠、垂柳、叶子、红灯、连心、落叶等；组合烟花有礼炮、贺新年、大鹏腾空、和平鸽、龙飞凤舞等；罗马烛光有虎尾、拉手、彩色亮珠等；架子烟花有字幕烟花、图案烟花、瀑布等；喷花有金喷泉、银喷泉等；火箭有哨响火箭、球头火箭、彩花火箭等；旋转烟花有火轮、飞碟等；水上烟花有水上礼花弹、水上盆花、水上芭蕾、红地毯等。

烟花

纳米火药的爆破威力

采矿少不了纳米火药的"一声吼"

纳米火药的爆破威力

炸药在采矿工程中的应用是多方面的。金属矿床露天开采工艺过程一般为穿孔、爆破、铲装、运输和排岩。穿孔和爆破是其他工艺的前提，而此两项的作业成本约占矿石开采生产成本的25%~35%。这里就需要火药的一臂之力。

爆破的工作质量、爆破的效果直接影响着后续采装作业的生产效率与采装作业的成本。生产中，无论是基建剥离大爆破、生产台阶正常采掘爆破，还是靠帮并段台阶的控制爆破，炸药的选择都在很大程度上影响了爆破效果。

> 火药不仅可用于炸山，也可用于采矿。现在有一种纳米火药多用于采矿。因为有纳米技术的鼎力相助，纳米火药显示出它坚不可摧的力量，大摇大摆地走起了现代化style……

露天开采中对爆破的基本要求如下：适当的爆破贮备量，以满足挖掘机连续作业的要求；有合理的矿岩块度，以提高后续工序的作业效率；爆堆堆积形态好，前冲量小，有一定的松散度；无爆破危害。

露天开采中对炸药的基本要求如下：性能优良，炸药单耗要小，有合理的感度，炸药的相态和粒度合理、爆速、殉爆距离、猛度及爆力等爆炸性能指标优良，作业要安全。

现阶段，采矿工业中应用的炸药主要有铵梯炸药、铵油炸药和乳化炸药。

铵梯炸药生产工艺简单，性能稳定，适用范围广，但含有TNT，毒害性强，环境污染重。铵油炸药虽然不含TNT，但爆炸性能低，适用范围较小。乳化炸药也有一定的局限性。这样，新炸药的开发及应用

显得尤为重要。

纳米炸药由南京理工大学陈厚和教授提出。纳米炸药指粒径为纳米级别的炸药，纳米黑索金炸药是颗粒团聚现象较少，粒径均匀（平均粒径为40~60纳米），具有不同于普通炸药的新的物理化学性能和爆炸性能的超细炸药。

纳米炸药在采矿中的作用如下：粒径为纳米级，大幅度提高能量密度和爆炸威力；降殉爆距离、猛度及爆力等；指标优良，性能稳定，作业安全。

纳米炸药发展将由大幅度提高能量向改进综合性能为主的方向转变，使其服从于提高采矿效率和爆破性能。纳米炸药为优化传统炸药设计提供新思路和新方法，将指导穿孔、凿岩和掘进爆破等采矿工艺。目前，纳米炸药还处于研发阶段，相信随着纳米炸药制备的工业化和规模化，采矿工业必将会产生一系列的生产变革。

乳化炸药的爆炸现场

乳化炸药

何谓"乳化炸药"

　　乳化炸药也被叫作乳胶炸药或乳化油炸药。它是以氧化剂（硝酸盐）的水溶液为内相，以碳氢燃料为外相，利用乳化剂和乳化技术制成油包水型乳状物，通过气泡敏化的混合爆炸物。这种炸药不用猛性炸药或其他高能燃料，只用硝酸盐及普通的有机燃料就可制备出对雷管敏感的爆炸物。它和其他工业炸药相比，具有爆炸性能良好，抗水性强，空气间隙效应小，有毒气体

　　乳化炸药技术的概念是由美国人H. F. Blabm 于1969年在论文中首次提出的。乳化炸药是像乳酸饮料一样用牛奶发酵而来的吗？回答是No!

少，原材料来源广，成本低，工艺简单，生产、运输、使用、贮存安全等优点。例如，在10米水深压力下，浸泡24小时，它仍能起爆；用步枪、手枪抵近击发，不燃不爆；在钢管中装药，可一次全起爆，无空气间隙效应；在沙土地上，把药卷首尾相抵，60米长的装药可用一发雷管全起爆，传爆稳定；耐冻性强，在-25℃以下的低温条件下，经长期冷冻，药卷柔软，不冻结固化，仍能用8号雷管起爆。乳化炸药自1969年获得美国专利以来，引起了火工界的瞩目，国内外竞相研究，其发展相当迅速。目前这类炸药除乳脂态外，还有以液态、固态、可塑态呈现的产品。

国内对乳化炸药的研发

国内对乳化炸药的研究从20世纪80年代开始。煤炭、冶金、兵器工业等部门都投入相当大的力量。但是，目前仍然有一些技术问题有待解决，所以工艺水平较低。乳化炸药的问世并非偶然，乳化炸药"起家"馂油炸药，"发迹"于水胶炸药，"成功"于乳化技术。其根本问题是乳化技术的应用和内、外相的掺和，而技术关键又在于稳定性。

乳化炸药的乳化技术是指加料方法、混合方式和工艺参数。在一般乳状液制备中，加料方法有剂在水中法、剂在油中法、初生皂法和轮流加液法等。各种加料方法都有一定的适用条件：剂在水中法适用于油相较大的情况；剂在油中法正好与此相反；初生皂法只适用于皂类稳定的乳状液；轮流加液法虽与相的体积关系不大，但物料的流量需要严格控制，工艺较麻烦。混合方式可通过简单搅拌、均化器、胶体磨以及超声乳化等来制备乳状液。当然，不同的加料方法和混合方式都必须辅之以相应的工艺条件，方能制备出稳定的乳状液。

乳化技术是流程中最关键的工序。在原材料规格、配方确定后，炸药的质量取决于乳化技术。对简单搅拌方式来说，最主要的是加料方法和物料流速、搅拌速度、搅拌时间、物料温度等工艺参数。加料方法和物料流速是乳化的先决条件，而物料流速关系到乳状液的分散度，直接影响炸药的稳定性和爆炸性能；物料温度控制在加工过程中氧化剂不析出结晶为好；搅拌时间以质量基本趋于稳定为准，不宜过分延长。

乳化炸药的制备从原理上可沿袭上述方法。国外用涡轮混合器和连续混合器，后者用多叶片桨式搅拌，器壁上有类似截流板错落排列的分散装置，可实现循环混合。国内都采用简单搅拌方式，靠高剪切速率来达到乳化的目的。

剪切速率的确定不仅涉及搅拌速度、搅拌桨直径与乳化器直径比率，而且与加工量、设备输出功率也有关。实践证明，乳化装置有一最佳桨器直径比率和最佳线速度。解决这个问题可从理论上估算，但最终还得通过实验确定。

乳化炸药的问世和推广为我国采矿业（尤其是采煤业）提供了一个转机。乳化炸药原料来源广、工艺简单、爆炸性能良好，对迅速改变我国工业炸药的构成和满足煤炭工业发展的需要是有意义的。

乳化炸药爆破

加农炮

致　谢

　　《红楼梦》里有一句大家耳熟能详的诗句，就是："好风频借力，送我上青云。"借用这句诗，我在想我们这套丛书得以出版（上青云）凭借的"好风"是什么呢？

　　首先，第一阵"好风"是2008年8月8日晚8时第29届北京奥运会的开幕式给的。在那次特别的开幕式上，我们看到了冲天的焰火、铺张的画卷、跳跃的活字和金灿灿的司南，它们分别代表着闻名于世的中国古代的四大发明，即火药、造纸术、印刷术和指南针。现代高科技的声、光、电技术在世界人民面前强化和渲染了这一不容置疑的铁的事实。中国不仅是一个具有高度文明的历史古国，而且曾经在很长的一段时间里都一直是世界上的科学发明大国。我国古代的四大发明是欧洲封建社会的催命符，是近代资产阶级诞生的助产妇，更是西方现代文明的启明星，我为我们聪明而智慧的祖先感到骄傲和自豪。能为广大青少年读者组织编写这样一套图文并茂、讲叙故事的科普图书是我们责无旁贷的神圣职责，策划与创意的念头油然而生，所以，首先我要十分感谢的是2008年北京奥运会开幕式的总导演张艺谋先生及其出色的团队。

　　其次，第二阵"好风"是河南大学出版社的领导和编辑们给的。古希腊哲学家阿基米德有句流传甚广的名言："给我一个支点，我可以撬动整个地球。"那么，我也可以这样说：给我一个出版平台，我要创造一个出版界的神话，组织编写一套经得起时间考验的读者喜欢的科普图书。但自打那创意的念头萌芽以来，谁愿意给你这样一个出版平台呢？如果没有一点超前的慧眼、过人的胆识和冒险的精神，在现在这样一种一没有经费的资助、二没有官商包销的严峻的出版形势下，毅然决然地敢上这套丛书，不是疯了就是傻了。所以，其次我要十分感谢河南大学出版社的领导和编辑们，他们给我们提供了这样一个大气魄的出版平台。

再次，第三阵"好风"是华中科技大学科学技术协会柳会祥常务副主席和鲁亚莉副主席兼秘书长给的。柳主席是一位当过科技副县长的学校中层领导干部，在2012年10月的一个艳阳天里，我拿着与出版社签订的合同兴冲冲地前去他的办公室找他，他一目十行很快就看完了，当时就给中国科学技术协会的一位领导打了电话，马上决定支持我们一下，其干练、果断的工作作风令人难忘；而鲁主席也是当过学校医院院长的学校中层领导干部，在后来与其接触的过程中，她的机智、泼辣和周密的工作作风，使人不禁联想起了先前活跃在电视荧幕上的政治明星——前国务院副总理吴桂华和吴仪。此后，我们又多次得到这两位领导的大力支持和帮助，感激之情实在是难于一一言表。所以，再次我要十分感谢华中科技大学科协的柳主席和鲁主席。

再其次，第四阵"好风"应当是我们这批朝气蓬勃的90后作者们给的。2013年有一部很火的电影《中国合伙人》，它之所以很火，是因为其中的故事既大量借鉴了新东方的三位创始人的经历，也浓缩了中国许多成功创业家像马云、王石等人的传奇事迹。提及这部电影，主要是想起我和我们学校人文学院这批90后的作者们，跟他们的确是有一种亦生亦友的合作关系，年轻人的热情、拼命的性格，使我想起了自己年轻时候的拼劲和干劲。"世界是你们的，也是我们的，但是归根结底是你们的。"（《毛主席语录》）希望他们能够"百尺竿头须进步，十方世界是全身"，今后能写出更多更好的作品来，因为他们的人生之路还很长。所以，再其次我要十分感谢我们学校这批90后的作者们，他们，除了署名副主编的以外，还有不少同学做了许多具体的工作，由于篇幅所限，这里就不一一列举了。

最后，第五阵"好风"是曾任我们学校校长的中国科学院院士杨叔子给的。杨院士是著名的机械工程专家、教育家，在担任校长期间，他就倡导应在全国理工科院校中加强大学生文化素质教育，并在国内外引起了强烈反响。他已达耄耋之年，但每天都在忙碌着。一年365天，他几乎每天都在工作，每晚直到深夜都不愿休息，常常要夫人敦促才去就寝。他们夫妇没有周末，没有节假日，从不逛街。所以，我们既想请他为本套丛书写序，又怕影响了他的工作和休息。那天，我怀着忐忑的心情，在柳主席的引领下到机械学院大楼杨院士的办公室去拜见他，进门后映入我眼前的是一个熟悉而又亲切的老者，厚厚的镜片后有一双睿智的眼睛。当他听说我们的来意后，便以略带着江西特色且略快的口音当即答应了下来。后来在书写我的笔名"东方暨白"中的"暨"时，对于是"暨"还是"既"字，他反复核对苏东坡的原文，一丝不苟，耳提面命，不禁令我这个文科出身的学生冷汗频出。所以，最后我要十分感谢杨院士这位德高望重的一字之师。

以上是按照事情发生的时间顺序写的，由于不想落入俗套地把它称为"后记"，故称之为"致谢"。最后，敬请阅读者不吝赐教。

东方暨白
2015年12月